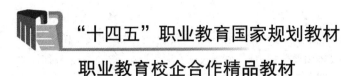

"十四五"职业教育国家规划教材

职业教育校企合作精品教材

中式面点技艺

（第3版）

主　编　尚　彬　徐书振

副主编　周英辉　牛恒林

参　编　葛　燕　史晓丽　乔云霞　邓清伟

李宇航　姜红伟　李红英　陈福娣　王国君

张金梅　孙　伟　赵银红　王潇峰

U0239494

电子工业出版社

Publishing House of Electronics Industry

北京·BEIJING

内 容 简 介

本书从中式面点基础知识开始进行讲解，理论部分内容主要包括：中式面点发展史、风味流派及制作特点；中式面点常用原料、设备与工具相关知识。技能部分内容主要包括：成形基础技艺、面团调制技艺、制馅技艺、成熟技艺、宴席面点知识等。本书编写以"强化技能，弱化理论"为指导思想，内容通俗易懂，贴近中等职业学校教学实际。

本书可作为中等职业学校中西餐烹饪、中西餐面点、酒店管理等专业教材或参考用书，也可供广大烹饪爱好者自学使用。

图书在版编目（CIP）数据

中式面点技艺 / 尚彬，徐书振主编 . —3 版 . —北京：电子工业出版社，2022.4
ISBN 978-7-121-42787-9

Ⅰ.①中… Ⅱ.①尚…②徐… Ⅲ.①面食－制作－中国－中等专业学校－教材 Ⅳ.① TS972.132

中国版本图书馆 CIP 数据核字（2022）第 018396 号

责任编辑：陈　虹　　文字编辑：张　彬
印　　刷：三河市双峰印刷装订有限公司
装　　订：三河市双峰印刷装订有限公司
出版发行：电子工业出版社
　　　　　北京市海淀区万寿路 173 信箱　邮编 100036
开　　本：880×1 230　1/16　印张：11.5　字数：276 千字
版　　次：2014 年 8 月第 1 版
　　　　　2022 年 4 月第 3 版
印　　次：2024 年 7 月第 11 次印刷
定　　价：39.00 元

凡所购买电子工业出版社图书有缺损问题，请向购买书店调换。若书店售缺，请与本社发行部联系，联系及邮购电话：（010）88254888，88258888。

质量投诉请发邮件至 zlts@phei.com.cn，盗版侵权举报请发邮件至 dbqq@phei.com.cn。

本书咨询联系方式：chitty@phei.com.cn。

河南省中等职业教育校企合作精品教材
出版说明

为深入贯彻落实《河南省职业教育校企合作促进办法（试行）》（豫政〔2012〕48号）精神，切实推进职教攻坚二期工程，我们在深入行业、企业、职业院校调研的基础上，经过充分论证，按照校企"1+1"双主编与校企编者"1：1"的原则要求，组织有关职业院校一线骨干教师和行业、企业专家，编写了河南省中等职业学校烹饪专业的校企合作精品教材。

这套校企合作精品教材的特点主要体现在：一是注重与行业的联系，实现专业课程内容与职业标准对接、学历证书与职业资格证书对接；二是注重与企业的联系，将"新技术、新知识、新工艺、新方法"及时编入教材，使教材内容更具有前瞻性、针对性和实用性；三是反映技术技能型人才培养规律，把职业岗位需要的技能、知识、素质有机地整合到一起，真正实现教材由以知识体系为主向以技能体系为主的跨越；四是教学过程对接生产过程，充分体现"做中学，做中教"和"做、学、教"一体化的职业教育教学特色。我们力争通过本套教材的出版和使用，为全面推行"校企合作、工学结合、顶岗实习"人才培养模式的实施提供教材保障，为深入推进职业教育校企合作做出贡献。

在这套校企合作精品教材编写过程中，校企双方编写人员力求体现校企合作精神，努力将教材高质量地呈现给广大师生。但由于本次教材编写是一次创新性的工作，书中难免存在不足之处，敬请读者提出宝贵意见和建议。

河南省教育科学规划与评估院

前　言

党的二十大报告中提出"统筹职业教育、高等教育、继续教育协同创新，推进职普融通、产教融合、科教融汇，优化职业教育类型定位。"为了全面贯彻党的二十大报告精神，也为了全面推进中等职业教育烹饪专业的改革和发展，更好地为区域经济发展服务，进一步推进校企合作工作，我们在多年的课程改革和企业实践的基础上编写了本书。本书由餐饮行业专家、烹饪大师和院校教师总结多年的实践经验，根据河南省中等职业学校烹饪专业教学标准，结合学科特点及餐饮行业岗位要求编写而成。

本书以培养中西面点工作岗位的高素质技能型人才为出发点，由浅入深、由易到难、循序渐进，使学生了解面点基础知识，掌握中西面点工作岗位所需的技能，成为能够制作多种面点制品并能够适当创新的综合技能型人才。

本书具有以下特点。

（1）采用"1+1"编写团队，体现校企合作。编写团队从企业岗位和认知规律分析入手，明确培养方向，确定教学目标，构建课程内容。

（2）技能训练内容实用性强。本书技能训练选自面点行业常用品种及全国职业院校技能大赛面点赛项内容，并吸收了部分本专业的新观点、新成果，突出制作技法的传授。在技能训练后设置了"我的实训总结"环节，能让学生对技能训练的关键问题进行总结。

（3）课后练习与职业技能鉴定对接。本书"知识检测"部分涵盖了国家职业资格技能鉴定所规定的学生应知应会内容，能满足学生参加职业资格技能鉴定的需求。

本书由 7 个项目组成，建议教学课时数为 144 学时。

教学内容	项目一	项目二	项目三	项目四	项目五	项目六	项目七	总计
学时数	10	12	12	68	16	16	10	144

本书由河南省教育科学规划与评估院组编，由洛阳市第一职业中等专业学校尚彬，中国烹饪大师、长垣豫香园酒店总经理徐书振担任主编；洛阳市第一职业中等专业学校周英辉，以及中国烹饪大师、河洛大工匠、洛阳市名厨委主席牛恒林担任副主编；洛阳第一职业高中葛燕、史晓丽，洛阳市第一职业中等专业学校乔云霞、邓清伟、李宇航，辉县职教中心姜红伟，长垣烹饪职业技术学院李红英，安阳职教中心陈福娣，

开封市文化旅游学校王国君、张金梅，中国烹饪名师、昆山华东国际商务酒店行政总厨孙伟,河南省烹饪大师、高级烹调师王潇峰,长垣烹饪职业技术学院赵银红参与编写。

由于本书编者学识和水平有限，加之时间仓促，书中难免存在疏漏与差错，敬请广大读者批评指正。

为方便教师教学，本书还配有相关教辅资料，请登录华信教育资源网（www.hxedu.com.cn）免费注册后再进行下载，有问题请在网站留言板留言或与电子工业出版社联系（E-mail:hxedu@phei.com.cn）。

编　者

目 录
Contents

项目一 面点认知

任务一 认识面点

 **任务目标**

> **知识目标**
>
> - 理解面点的概念；
> - 了解面点在饮食业中的地位和作用；
> - 熟悉中式面点技艺的主要学习内容。

任务学习

一、面点的概念

面点是"面食"和"点心"的统称，是指以面粉、米粉、杂粮粉甚至富含淀粉的果蔬原料粉等为主料，配以相应的调辅料，经加工制成的各种主食、小吃和点心。面点在北方常被称为"面食"和"主食"，在南方常被称为"点心"，南北各地在制作技法、原料选用上各有千秋，制品各有特色，素有"南米北面"之说。

二、面点的地位和作用

面点历经几千年的发展，在中国人民的饮食生活中占有极其重要的地位，具体表现在以下3个方面。

（一）面点制品是餐饮业产品的重要组成部分

中式烹调（行业称为"红案"）的产品"菜肴"与面点制作（行业称为"白案"或"面案"）的产品"面点"共同构成了餐饮业的主要产品——菜、点，二者互相关联，互相衬托，密不可分。一方面，从餐饮经营角度讲，菜与点，像鲜花和绿叶，如正餐的主、副食和宴席上的点心必不可少；另一方面，从菜与点的配合上讲，它们相互组配，形成特殊的饮食风味，如烤鸭的鸭肉与"荷叶饼"搭配。

（二）面点制品是平衡人们膳食结构的生活必需品

面点制品具有应时适口、主辅皆宜、口味多样、荤素搭配、营养丰富、便于消化等特点，可以提供人体必需的能量及营养。尤其是包馅制品，可以使人们的饮食结构更加合理，膳食结构更加平衡。面点制品既可以作为茶点在饭前或饭后品尝，也可以作为主食，满足不同消费者的需求，是人们饮食生活中的必需品。

（三）面点可以扩大就业、活跃餐饮市场

面点制作可离开菜肴而独立经营，且投资店铺时由于面积小、投资少、经营方式灵活，有特殊的优势，故大街小巷、城市村镇出现了许多专门经营面点的面馆、糕团店、包子铺和饺子馆，以及经营小食品的早点、夜宵、点心铺等。这些功能各异又能彰显风味特色的面点店铺，既活跃了市场，提供了就业机会，又丰富了人们的生活，促进了社会经济的发展。

三、中式面点技艺的主要学习内容

（1）原料在面点制作中所体现的性质和作用，原料的选择和运用。

（2）面团的调制原理和调制方法，以及相应的面点品种。

（3）馅心的类型和调制方法。

（4）面点成形手法和基本原理。

（5）面点成熟方法和注意事项。

（6）面点装饰、组合和运用。

？ 想一想

人们在日常生活中常吃、常见的面点品种有哪些？

任务二　我国面点的发展

任务目标

技能目标

- 能够区分面点的发展阶段，并能说出各阶段的发展状况、代表品种及发展特点。

知识目标

- 了解中国面点的形成和发展；
- 了解面点的发展趋势。

任务学习

一、中国面点的形成和发展

中国面点制作具有悠久的历史，邱庞同在其所著的《中国面点史》一书中指出："中国面点的萌芽时期大约在6000年前"，"中国的小麦粉及面食技术出现在战国时期"，"而中国早期面点形成的时间，大约是商周时期"。中国面点的形成和发展大致经历了产生、发展、繁荣、成熟4个阶段（详见表1-1）。

表1-1　中国面点的形成和发展过程

发展阶段	历史时期	发展状况	该阶段代表品种	发展特点
面点产生阶段	夏商周时期	尝草别谷，以教民耕艺，出现五谷，面点雏形产生	粗粆（麻花）、饆饳（饊子）	我国古代的陶制炊具相继问世，青铜器也被广泛应用（如铜饼铛、铜炙炉等）
面点发展阶段	汉代至南北朝时期	我国面点制作水平有了一个飞跃的发展。面点制作技术迅速提高，面点品种迅速增加。年节食俗已开始形成，面点著作大量涌现	白饼、烧饼、馄饨、春饼、煎饼	先进石磨和绢罗被大量使用，发酵技术进一步成熟，出现了蒸笼等炊事用具和面点成形器具
面点繁荣阶段	隋唐五代及宋元时期	中国面点进一步发展，以食疗面点为突出。面条传至意大利，蒸饼等传至日本	包子、馒头、肉饼、油饼、月饼、元宵、烧卖、麻团等	面团制作、馅心制作、成形方法、成熟方法等面点技术提高
面点成熟阶段	明清时期	制作技术达到新的高峰，节日面点品种基本定型。中式面点与我国民族风俗更加紧密结合；中外面点交流、发展达到了新的高峰，西式面点传至我国，中国面点也大量传至欧美、南洋各国及地区	面点新品种不断涌现，面点的重要品种（节日面点品种、特色面点品种、代表面点品种等）大体已经出现	我国面点的风味流派基本形成，北方主要是京、晋、鲁三大风味流派；南方主要是苏州、扬州、广州三大风味流派

▲面点产生阶段

▲面点发展阶段

▲面点繁荣阶段

▲面点成熟阶段

二、面点的发展趋势

随着世界食品科技的迅猛发展，人类饮食观念不断进化，以手工方式生产的中国传统面点面临着重大挑战。为了适应在全球市场经济条件下的竞争，中式面点的发展方向将主要体现在以下 4 个方面。

（1）兼容并蓄，推陈出新。

（2）加强科技应用，提高科技含量。

（3）注重营养的搭配，开发功能、药膳面点。

（4）发展中式面点快餐，突出方便、快捷、卫生。

？ 想一想

你最喜欢或最常吃的面点起源在什么时期？

任务三　各区域风味面点

任务目标

> **技能目标**
> - 能够区分各流域面点所在区域，并说出各流域所属流派、特点及典型品种。
>
> **知识目标**
> - 了解中国面点的区域划分；
> - 了解各区域风味面点的特点及代表性品种。

任务学习

我国地域辽阔，从南到北跨度大，各地的气候条件有所不同，故全国各地所产的粮食作物有很大区别，人们的生活习惯、饮食文化也有很大差别，反映到面点制作上，就出现了不同的花色品种和制作习惯，形成了不同的面点流派。根据地理区域和饮食文化的形成，大致可分为"北味"和"南味"两大风味，具体又可分为"京式面点""苏式面点""广式面点""川式面点"，按地区可分为黄河流域、长江流域、珠江流域、松花江流域及其他少数民族地区风味面点（详见表 1-2）。

表1-2　面点分类（按地区）

按地区划分	所在区域	包含省市	所属风味流派	特　点	代表性品种
黄河流域面点	指黄河中、下游大部分地区制作的面点	甘肃、山西、陕西、河南、河北、北京、天津、山东等	京式风味流派	用料广泛，坯皮多以面粉、杂粮为主；制作精细，馅心口味浓重、肉馅多用水打馅	龙须面、押面、刀削面、河南烩面、银丝卷、窝头、天津狗不理包子、开封灌汤包等
长江流域面点	指长江中上游及中下游等大部分地区制作的面点	四川、云南、贵州、湖北、湖南、江苏、江西、安徽、浙江、上海等	川式、苏式风味流派	坯皮以米面为主；制作精细、讲究造型；应时迭出，四季有别；馅心掺冻，汁多肥嫩、味道鲜美、口味浓醇	三丁包子、翡翠烧卖、淮安汤包、千层油糕、船点、各式酥饼、赖汤圆、担担面等
珠江流域面点	指珠江流域及南部沿海地区制作的面点	广东、福建、广西、台湾、香港等	广式风味流派	坯皮质感多变，米、面、杂粮均有使用；借鉴西式点心技艺，兼收并蓄；馅心用料广泛，味道清淡鲜滑	马蹄糕、虾饺、萝卜糕、叉烧包、擘酥蛋挞、肠粉、鱼片粥等
松花江流域面点	指黑龙江、松花江、辽河流域大部分地区制作的面点	黑龙江、吉林、辽宁等	京式风味流派	坯皮兼备杂粮、米、麦，自成一格；馅心用料广，口味浓厚	熏肉大饼、东北特色蒸饺等
其他少数民族地区风味面点	指西南、西北及内蒙古等少数民族地区制作的面点	西藏、新疆、内蒙古等	地区风味流派	浓郁的民族特色风味；集各家之长，自成一体，极具地方特色	馕饼、油塔子、青稞糌粑、内蒙古莜面等

❓ **想一想**

你所在的地区属于哪个流域、哪个风味流派，有哪些特点，又有哪些代表性品种？

任务四　面点分类及制作特点

任务目标

技能目标

• 能够按照面点的分类区分常见面点制品。

知识目标

• 了解面点的分类方法；
• 掌握中式面点的基本特点。

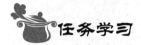
任务学习

一、面点的分类方法

面点的分类方法较多，各分类方法均有各自的特点和适用范围，常用的分类方法有以下5种。

（一）按面点原料分类

1. 麦类面粉制品

该类制品是指调制面坯的主要原料是用小麦磨成的面粉，掺入水、油、蛋和添加料，制成具有多种特性的面坯，经成形、成熟等工序制成的制品，代表食品有面包、包子、馒头、拉面、烩面等。

▲馒头

▲拉面

2. 米类及米粉制品

该类制品是指在米类原料或米粉中掺入水及其他调辅料进行调制，经成形、成熟等工序制成的制品，代表食品有汤圆、年糕、八宝饭等。

▲汤圆

▲八宝饭

3. 豆类及豆粉制品

该类制品是指豆类原料或豆粉经面团调制、成形、成熟等工序制成的制品，代表食品有豌豆黄、绿豆糕、芸豆卷等。

▲豌豆黄

▲绿豆糕

4. 杂粮和其他类原料制品

该类制品是指杂粮和其他类原料，经面团调制、成形、成熟等工序制成的制品，代表食品有南瓜饼、马蹄糕、玉米窝头等。

▲南瓜饼

▲玉米窝头

（二）按熟制方法分类

按熟制方法可将面点分为蒸、炸、煮、烙、烤、煎、炒，以及综合熟制法等制品。

（三）按面坯的特点分类

按面坯的特点可将面点分为水调面坯、膨松面坯、油酥面坯、米粉面坯、杂粮、其他面坯6类制品。

（四）按形态分类

按形态可将面点分为饭、粥、糕、饼、团、粉、条、包、饺，以及羹、冻等制品。

（五）按口味分类

按口味可将面点分为甜味、咸味、复合味3类制品。

二、面点制作的基本特点

中式面点历经几千年发展史，历代厨师、点心师充分发挥自己的创造力，经不断实践和总结，逐步形成了面点的鲜明特点。

（一）用料广泛，选料精细

中华民族的饮食文化、食源结构奠定了中式面点制作中选料的广泛性。植物性原料（粮食、蔬菜、果品等）、动物性原料（鸡、猪、牛、羊、鱼虾、蛋乳等）、微生物原料（酵母菌、红曲霉菌等）、矿物性原料（盐、碱、矾等）、合成原料（膨松剂、香料、色素等），均可作为中式面点的原料。我国幅员辽阔，因各地区的土壤及农艺条件不同，即便同一品种原料因产地、季节不同差异也很大。制作中式面点时，应根据制品要求，合理地选用原料，达到扬长避短、物尽其用的效果。例如，抻面应选用筋力强的面粉，制作汤圆应选用质地细腻的水磨糯米粉。

（二）讲究馅心，注重口味

"口味"是中式面点的"魂"，历代厨师不断传承、总结、创新，形成了许多深受我国广大人民群众喜爱且变化多样的品种。例如，生荤馅，滑嫩不腻、鲜香有汁；生菜馅，鲜嫩爽口、色泽鲜明。

（三）技法多样，造型美观

中式面点长期以来以手工制作为主，经过了漫长的发展历程，特别是面点厨师的继承和不断创造，拥有了众多技法和绝活，形成了一系列有别于其他国家的技法，其制作过程、技法十分讲究。例如龙须面、船点等，以独特的成形技法而享誉海内外。

（四）成熟方法多样

面点加热成熟方法常用的有蒸、煎、煮、炸、烤、烙、炒等；馅心的烹调方法有生拌、炒、煮、蒸、焖等。各地在制作中交叉应用，最终形成了各面点的特点和口味。例如单一成熟法（煮、煎、炸、烤、炒等）、复合成熟法（先煮后炸、先蒸后煎等）。

? 想一想

根据你所在地区的本地特色及常见面点，分别按原料，熟制方法，面坯的特点、形态、口味将其分类。

知识拓展

中式面点和西式面点的技法、原料特点、技术特点和口味特点（见表1-3）。

表1-3　中式面点和西式面点的技法、原料特点、技术特点和口味特点

面点分类	技　法	原料特点	技术特点	口味特点
中式面点	蒸、煮、炸、烙、煎、烤、炒等	以各种粮食、鱼虾、畜禽肉、蛋、乳、蔬菜、果品等为主	成形技法多样，造型美观	口味多样，甜味、咸味、复合味
西式面点	以烤制品为主，有少量炸制品	以面、糖、油脂、鸡蛋和乳品等为主，辅以干鲜果品和调味料	工艺性强，成品美观、精巧	口味以甜味为主，清香、酥松

知识检测

一、选择题

1. 中国面点的萌芽时期大约在（ ）。

    A. 5000 年前   B. 6000 年前

    C. 6500 年前   D. 7000 年前

2. 面食技术出现在（ ）。

    A. 战国时期   B. 汉代时期

    C. 魏晋南北朝时期   D. 隋朝五代时期

3. 中国早期面点形成的时间大约是（ ）。

    A. 战国时期   B. 商周时期

    C. 汉代时期   D. 魏晋南北朝时期

4. 下列属于广式面点品种的是（ ）。

    A. 三丁包子   B. 翡翠烧卖

    C. 北京都一处的烧卖   D. 叉烧包

5. 我国面点根据地理区域和饮食文化的形成，大致可分为（ ）两大风味。

    A. 广式、京式   B. "北味"和"南味"

    C. 苏式、京式   D. 川式、广式

6. 花式船点属于（ ）。

    A. 黄河流域面点   B. 长江流域面点

    C. 珠江流域面点   D. 松花江流域面点

7. 川式面点的馅心掺冻、（ ）。

    A. 清淡鲜滑   B. 略带甜口

    C. 汁多味浓   D. 鲜咸而香

8. 下列叙述正确的是（ ）。

    A. 广式面点的馅心选料讲究，讲究保持原味，馅心多样，味道清淡鲜滑

    B. 广式面点的馅心选料讲究，讲究保持原味，馅心多样，口味一般较重

    C. 广式面点的馅心选料讲究，讲究保持原味，馅心多样，汁多味浓

    D. 广式面点的馅心选料讲究，讲究保持原味，馅心多样，一般多用水打馅

9. 下列一组均为广式面点的是（ ）。

    A. 叉烧包、沙河粉、翡翠烧卖   B. 娥姐粉果、清油饼、船点

C. 虾饺、叉烧包、莲蓉甘露酥　　　　　D. 文楼汤包、三丁包子、豌豆黄

10. 下列属于面点常用单一成熟法的是（　　　）。

A. 蒸、煎、煮、炸　　　　　　　B. 蒸、煎、炸、焖

C. 蒸、煎、烧、贴　　　　　　　D. 蒸、煎、煮、挂霜

二、判断题

（　　）1. 面点制品是平衡人们膳食结构的生活必需品。

（　　）2. 中国早期面点形成的时间，大约是汉代。

（　　）3. 汉代至南北朝时期发酵技术进一步成熟，出现了蒸笼等炊事用具和面点成形器具。

（　　）4. 我国面点按地区可分为黄河流域、长江流域、珠江流域、松花江流域及其他少数民族地区。

（　　）5. 包子、馒头、拉面、烩面、汤圆、年糕都属于麦类面粉制品。

（　　）6. 我国面点按口味分类，可以分为甜味、咸味、复合味3类。

（　　）7. 广式面点吸收了部分西点制作技术，故自成一格。

（　　）8. 京式面点以面粉、杂粮居多，皮质较硬实有劲。

（　　）9. 苏式面点馅心用料讲究、口味浓厚、色泽深，生馅一般用水打馅。

（　　）10. 京式面点富有代表性的品种有龙须面、清油饼、虾饺、芸豆卷、豌豆黄、小窝头等。

项目二　面点制作基础知识

任务一　面点原料(一)

 **任务目标**

技能目标
- 能够根据面粉的气味、色泽、滋味、组织形态,鉴定面粉的好坏;
- 能够对面点制作中常用的馅心原料进行选择。

知识目标
- 了解面点制作中常用坯皮原料的种类、性质及用途;
- 了解面点制作中制馅原料的分类。

任务学习

一、坯皮原料

常用的坯皮原料有面粉、米粉和杂粮粉等,它们含有大量的淀粉、蛋白质、维生素和其他营养物质,是人们日常生活中所需能量的主要来源之一。

▲一品蒸饺

米粉和面粉是制作坯皮的主要原料。制作面点时必须根据制品的特点及米粉、面粉的性质合理选料。米类和麦类原料磨制成粉状后,就韧性而言,米类不如麦类强。面粉调制成的面团有较强的弹性、韧性和可塑性,而米粉面团则黏性较强。

(一)面粉

1. 面粉的分类

面粉是由小麦经加工而成的粉状物质。目前,市场上供应的面粉可分为等级粉和专用粉两类。

（1）等级粉。等级粉是根据面粉加工精度的不同来分类的，一般可分为特制粉、普通粉和标准粉3个等级。

▲翡翠烧卖

① 特制粉。特制粉的颜色洁白，颗粒细小，含麸量低，面筋质含量高，灰分含量不高于0.75%，湿面筋含量不低于26%，水分含量不高于14.5%；适合制作各种精细点心，如花式蒸饺、蚝油叉烧包、翡翠烧卖等。但因加工精度高，面粉的营养物质损失较大，B族维生素和膳食纤维含量较低。

② 普通粉。普通粉的加工精度低，色泽淡黄，颗粒较粗，含麸量高，面筋质含量低，筋力小，灰分含量不高于1.25%，湿面筋含量不高于22%，水分含量不高于13.5%。因口感较差，现在市场上的普通粉已经很少见，但它的加工精度低，营养素含量比较全面，有利于人体健康；适合制作一些家常面点制品，如煎饼。

③ 标准粉。标准粉加工精度介于特制粉和普通粉之间，灰分含量不高于1.25%，湿面筋含量不低于24%，水分含量不高于14%；适合制作大众面点制品。

▲煎饼

▲大众面点制品

（2）专用粉。专用粉是针对不同面点品种的特点，在加工制粉时加入适量的化学添加剂或采用特殊处理方法，使制出的粉具有专门的用途，如饺子粉、面包粉、糕点粉、自发粉等。

① 饺子粉。饺子粉是在面粉加工时加入一定量的氧化苯甲酰而制成的面粉，具有粉质细腻洁白、面筋含量较高的特点，调制成的面团具有较好的耐压度和良好的延展性；适合制作水饺、面条、馄饨等。

② 面包粉。面包粉又称高筋粉，是用角质多、蛋白含量高的小麦加工而成的。用面包粉调制的面团筋性大，持气性强，制作出的面包体积大，组织松软有弹性。

③ 糕点粉。糕点粉又称低筋粉，是将小麦经高压蒸汽加热2分钟后，再磨制成的面粉。小麦经高压蒸汽处理后，蛋白质发生变性，失去活性，面粉的筋性变小；适合制作蛋糕、饼干、桃酥等面点品种。

④ 自发粉。自发粉是在特制粉中加入一定量的泡打粉或干酵母而制成的面粉。自发粉在使用时要注意水温和添加辅料的用量，以免影响面团的涨发；适合制作馒头、花卷、包子等发酵制品。

2. 面粉质量鉴别

面粉质量的好坏、营养价值的高低，常用化学方法通过化学成分的多少来鉴别。但是，人们在日常生活中通常用感官法来加以鉴别，即从气味、色泽、滋味、组织状态等方面来鉴别。

（1）气味鉴别。进行面粉气味的感官鉴别时，取少量样品置于手掌中，用嘴哈气使之稍热，为了增强气味，也可将样品置于有塞的瓶中，加入60℃的热水，紧塞片刻，然后将水倒出嗅其气味。

（2）色泽鉴别。进行面粉色泽的感官鉴别时，应将样品在黑纸上撒一薄层，然后与适当的标准颜色或标准样品做比较，仔细观察其色泽异同。

（3）滋味鉴别。进行面粉滋味的感官鉴别时，可取少量样品细嚼，遇有可疑情况，应将样品加水煮沸后再尝试。

（4）组织状态鉴别。进行面粉组织状态的感官鉴别时，应将面粉样品在黑纸上撒一薄层，仔细观察有无发霉、结块、生虫及杂质等，然后用手捻捏，以试手感。

面粉中的含水量一般为13.5% ~ 14.5%。含水量过高则不易保存（可先用手握紧面粉，然后松开，观察其结团的大小来加以鉴别）。正常的面粉色淡黄，有轻微的麦香味。面粉质量鉴别如表2-1所示。

表2-1　面粉质量鉴别

面 粉 质 量	气 味 鉴 别	色 泽 鉴 别	滋 味 鉴 别	组 织 状 态 鉴 别
优质面粉	具有面粉的正常气味，无其他异味	色泽呈白色或微黄色，不发暗，无杂质的颜色	味道可口，淡而微甜，没有发酸、刺喉、发苦等感觉，咀嚼时没有沙沙声	呈细粉末状，不含杂质，手指捻捏时无颗粒感，无生虫和结块，置于手中紧捏后松开不成团
次质面粉	微有异味	色泽暗淡	淡而乏味，微有异味，咀嚼时有沙沙声	手捏时有颗粒感，生虫或有杂质
劣质面粉	有霉臭味、酸味、煤油味或其他异味	色泽呈灰白或深黄色，发暗，色泽不均	有苦味、酸味，发甜或有其他异味，有刺喉感	面粉吸潮后霉变，有结块或手捏成团

（二）米粉

米粉是由稻米加工而成的粉状物质，是制作粉团、糕点的主要原料之一。

（1）米粉按其原料（糯米、粳米和籼米）可分为糯米粉、粳米粉、籼米粉3种（详见表2-2）。

表2-2 米粉分类（按原料）

分　类		特　点	用　途
糯米粉（江米粉）	粳糯米	柔糯细滑、黏性大、品质较好	用于制作年糕、汤圆等
	籼糯米	粗糙坚硬、黏性小、品质较粗	
粳米粉		黏性较小，一般与糯米粉掺和使用	用于制作糕团、粉团等
籼米粉		黏性小、涨性大	用于制作萝卜糕、伦敦糕等

▲糯米　　　　　　　　　▲粳米　　　　　　　　　▲籼米

（2）米粉按加工方法又可分为干磨粉、湿磨粉和水磨粉（详见表2-3）。

表2-3 米粉分类（按加工方法）

分　类	制作方法	优　点	缺　点
干磨粉	不加水直接磨成的细粉	含水量小、便于保管和运输、不易变质	粉质较粗、制成品的口感差
湿磨粉	经过浸泡、淋水后才能磨制，磨后筛出粗粒，再磨、再筛制成	细腻有光泽、适合制作各种精细糕点	含水量大、不易保存
水磨粉	经过淘米、浸米、带水磨粉及压粉沥水等几个步骤制成	粉质细腻、制成品柔软、口感滑润	含水量大、不易储藏和运输

（三）杂粮

杂粮最早应用于广式面点。制作面点常用的杂粮有玉米、小米、高粱米、大麦、荞麦、甘薯等。

（1）玉米磨成粉，可制作窝头、丝糕等制品。与面粉掺和后，也可用来制作各式发酵制品，还可制作各式蛋糕、饼干等。

（2）小米的特点是粒小、滑硬、色黄。小米可制作小米干饭、小米稀粥等，磨成粉后可制作窝头、丝糕及各种糕饼，与面粉掺和后也能制作各式发酵食品。

（3）高粱去皮后即高粱米，又称秫米。粳性高粱米可制作干饭、稀粥等，糯性高。高粱米磨成粉后，可制作糕、团、饼等食品。高粱也是酿酒和制醋、淀粉、饴糖的原料。

（4）大麦的主要用途是制造啤酒和麦芽糖；对于中式面点，可制作麦片和麦片粥、麦片糕（做麦片糕时需掺一部分糯米粉）等。

（5）荞麦含有丰富的蛋白质、硫胺素、核黄素和铁，磨成粉后既可制作主食，也可与面粉掺和制作扒糕、饸饹等食品。

（6）甘薯又称山芋、红薯等。其淀粉含量较高，质软而味香甜，与其他粉料掺和后有助于发酵作用。鲜甘薯煮（蒸）熟捣烂与米粉、面粉等掺和后，可制作各类糕、团、包、饺、饼等；制成干粉又可代替面粉制作蛋糕、布丁等各种点心；还可用来酿酒、制糖和淀粉等。

二、馅料

制作馅心时，选料和营养搭配是很重要的。若馅心选料不当，将直接影响制品的质量和口味。在制作馅心时应做到软脆适中，荤素搭配。

馅料根据原料性质分为动物类馅料和植物类馅料两大类。

（一）动物类馅料

动物类馅料面点制作中常用的动物性原料有家畜类原料、家禽类原料、水产品等。

1. 家畜类原料

常用的家畜类原料有猪肉、牛肉、羊肉等。

（1）猪肉是中式面点制作中使用最多的馅心原料之一。用猪肉制馅时，要选择肥瘦适中的部位，如夹心肉、后腿肉、五花肉等。这些部位的肉的吸水性强、肥瘦相间，可使馅心鲜嫩多汁，肥而不腻，熟制后有较多的卤汁，成品味美爽口。

（2）用牛肉制馅时一般选用纤维较短、筋膜少、鲜嫩无异味的牛肉，如后腿肉、里脊肉等。

（3）用羊肉制馅时应尽量选择无筋、膻味较轻、肉质细嫩的部位。羊肌肉纤维较为细嫩，具有特殊的风味，但膻味较重，制作馅心时要注意加调味品或葱姜等加以去除，以使馅心更加鲜美。

2. 家禽类原料

可用于面点制作馅心的家禽类原料主要有鸡、鸭、鹅、鹌鹑、鹧鸪等。以鸡胸脯肉使用较为广泛，除单独制作馅心外，还可与其他原料搭配制作馅心。

3. 水产品

制馅用的水产品主要包括鱼类和海鲜类原料。用鱼肉制馅，味鲜质嫩，选料时应选用体大、肉厚、刺少的大麻哈鱼、草鱼、鳝鱼等。用海鲜类原料制馅时大多选用虾、蟹、海参、干贝等，一般都作为主要原料，应选用肉质坚实、肥壮鲜嫩、新鲜的原料。

（二）植物类馅料

面点中广泛运用的植物类原料主要有蔬菜、果品、豆类原料、菌类原料等。

1.蔬菜

蔬菜的种类甚多，在制馅时应因地制宜，多选用时令蔬菜。制馅时应选择那些新鲜质嫩且含水量较小的蔬菜作为原料，对带皮蔬菜应做去皮处理，以保证制品的质量。如果原料的水分含量过大或异味太浓，则必须经过焯水、去异味、切碎、挤去大部分的水分等过程后方可使用。

2.果品

果品多用于制作甜馅或作为增香调味原料。果品包括水果、干果、果脯、蜜饯、果酱等。

（1）水果。常用的水果有西瓜、橘子、香蕉、火龙果等，多用于制馅，如水果汤圆馅、果冻等；另外还常作为装饰点缀原料。

（2）干果。干果营养丰富、味美可口，具有特殊的风味。常用的原料有花生仁、瓜子仁、核桃仁、杏仁、松子仁等。选料时多以肉厚、体干、洁净、无霉变为佳，多用于制作甜馅，如五仁馅、枣泥馅等；也可用于面点的装饰美化。

（3）果脯、蜜饯、果酱。果脯、蜜饯、果酱常作为甜馅的辅助原料，也可用于面点的装饰美化。常用的原料有冬瓜糖、青红丝、柿饼、苹果酱、草莓酱等。

3.豆类原料

豆类原料主要有赤小豆、绿豆、大豆、蚕豆、豌豆等。豆类原料是制作泥蓉馅的常用原料，最常见的有绿豆沙馅和红豆沙馅。

4.菌类原料

菌类原料味道鲜美、清香爽口，常用于制作各式风味面点的馅心。常用的菌类原料有口蘑、香菇、银耳、木耳、杏鲍菇、茶树菇等。

❓ 想一想

1. 如何区分糯米、粳米和籼米？

2. 如何鉴别面粉质量？

任务二　面点原料（二）

 **任务目标**

> **技能目标**
> - 能够区分常用的几种糖，并能掌握几种糖的用途；
> - 掌握常用的几种天然色素的性质及用途，并能正确使用。
>
> **知识目标**
> - 熟悉面点制作中常用的调辅料；
> - 熟悉面点制作中常用的食品添加剂。

任务学习

一、调辅料

调辅料包括调味料和辅助料。它们既可以用于制馅，又可以用于面团调制，以增加制品的口味，改善面团的性质、提高制品的质量。常用的调辅料有盐、糖、油、蛋、乳、酱油、酱类料、料酒、蚝油、鸡精、辣椒油、咖喱粉、孜然、葱姜、花椒大料等。

（一）食盐

食盐是百味之王，其化学成分是氯化钠，一般加入少量碘作为营养强化剂。食盐是人们日常生活中不可缺少的重要调味料之一。

1. 食盐的分类

常用的食盐有海盐、湖盐、井盐、池盐等，按加工精度又可分为粗盐、细盐和精盐。食盐以色白、味纯、无苦味、无杂质为佳。

2. 食盐在面点制作中的作用

（1）调味。调味是食盐在面点制作中的主要作用，制作咸馅时首先加入食盐赋予制品味道。

（2）增大面团的筋性。和面时加入食盐，在盐的渗透作用下，面粉中蛋白质的一部分水分被析出，能使面团的面筋网络更加致密，使面团的弹性和韧性更强。例如，在抻面、烩面、刀削面等面点制作中都利用了这个原理。

（3）改善面团的色泽。在面团中加盐后，使其组织细密，当光线照在制品表面上时，投射的阴影较小，所以对面团加盐调制后可使色泽更加洁白。

（4）调节发酵速度。面团发酵时加入适量的（占面粉量的3%以下）盐，可使面团的面筋网络更加致密，面团的持气性增强，从而提高其发酵的速度。但若盐量过大，由于盐的渗透作用抑制了酵母菌的生长繁殖，又会使发酵速度变慢。另外，盐量过大，咸味太重也会影响制品的口味。

（二）糖

1. 糖的分类

糖是面点制作中重要的辅料之一，常用的有白砂糖、绵白糖、红糖、饴糖等。

（1）白砂糖呈细小的晶体，色白透明，常用于各种甜点的制作。由于其颗粒稍大，有时使用时要擀成糖粉或制成糖水和糖浆，否则制品的表面会有斑点，影响美观。

（2）绵白糖色白、杂质少、甜味足、质地细密，可以直接加入面团中，是面点制作中的佳品。

（3）红糖含杂质较多，质量较差，使用前需制成糖水，滤去杂质。红糖中因含有较多的糖蜜、色素等物质，在面点制作中可以起到增色、增香的作用。

（4）饴糖的主要成分是麦芽糖，其色棕黄、黏稠、甜味淡，可以使面团上色、体积增大，还可以熬制糖浆，起到冷却后使制品定形的作用。例如制作萨其马、蜜三刀，在熬制糖浆时均需加入饴糖。

2. 糖在面点制作中的作用

在面点制作中加糖可以增加制品的甜味，调节馅心的口味，提高成品的营养价值。

（1）赋予制品甜味。糖是一种甜味原料，特别是在甜点的制作中起着重要作用。

（2）提高制品的营养价值。糖是人体新陈代谢的重要能源物质，1g糖能提供16.74kJ的热量。

（3）改善制品的色泽。糖具有焦化作用，在面团中加入糖，或者在其表面刷一层糖水，经高温烘烤或炸制后，表面金黄，色泽美观诱人。

（4）改进面团的组织结构。少量糖可以使面团的黏性降低，使制品变得松软，但用量过大，反而会使制品变脆。

（5）调节发酵速度。在发酵面团中加入适量的糖，会为酵母菌生长繁殖提供养分，从而提高发酵速度。但如果糖分的含量过高，糖的渗透作用会抑制酵母菌的生长繁殖，反而使发酵速度变慢。因此，在调制发酵面团时，糖的加入量不可以超过粉类的30%。

（6）具有防腐作用。当糖分的含量较高时，糖的渗透作用会使微生物组织细胞脱水，产生质壁分离，抑制微生物的生长繁殖，延长制品的存放期。加糖越多，存放期越长。比如，将水果用高浓度的糖液或蜜汁浸透果肉制成蜜饯，其保质期明显延长。

（三）油脂

1. 油脂的分类

（1）植物油。植物油是从植物的种子里榨取的。榨取的方法有冷榨法和热榨法两种。植物油在常温下是液态，具有该植物固有的气味。常用的植物油有花生油、菜籽油、豆油、芝麻油等。

① 花生油。花生油是以花生为原料经加工榨取的油脂。纯正的花生油，其色泽淡黄，透明清亮，有淡淡的花生香味；常温下不混浊，当温度低于4℃时，黏稠混浊呈粥状，色泽淡黄。花生油在面点中的用途很广，可用于调制面团、制馅、炸制制品。

② 菜籽油。菜籽油是以菜籽为原料经加工榨取的油脂，其色泽深黄略带绿色，有浓重的菜籽腥味，不宜调制面团或作为炸制油，是制作色拉油、人造奶油的主要原料。

③ 豆油。豆油是从大豆中榨取的油脂，其色泽淡黄，亚油酸含量很高，胆固醇含量低，营养价值较高，有益于人体健康。豆油用于炸制，上色较好，但它有较大的豆腥味，容易起沫，使用前用葱姜炸一下，可以去掉大部分的豆腥味。精制的豆油可用于调制面团。

④ 芝麻油。芝麻油又称香油、麻油，是用芝麻榨取的油脂。芝麻油呈红褐色，味浓香，一般用于调味增香。

（2）动物油。动物油是指从动物的脂肪或乳中提取的油脂。动物油在常温下为固态，有较好的醇香味；具有熔点较高、可塑性强、流散性差、风味独特等特点。常用的动物油有猪油、奶油、鸡油、牛油、羊油等。

① 猪油。猪油又称大油、白油，是由猪的脂肪组织炼制而成的。猪油在常温下为软膏状，乳白色或略带黄色；在常温下为固态；高于常温时为液态，有浓厚的脂肪香气。

猪油是面点制作中重要的辅助原料之一。因其起酥性较好，故常用于油酥面团的调制；也可用于调馅，调出的馅心香气浓郁、醇厚，色亮滋润。

② 奶油。奶油又称黄油，是从动物乳中提取出来的，色淡黄；在常温下为固态，香味浓郁、杂质少，营养价值高，常用于西点和广式面点的制作。奶油中的水分较多，在高温下容易受细菌和霉菌的污染。另外，因奶油中的不饱和脂肪酸容易氧化酸败，故要低温保存。

③ 鸡油。鸡油又称明油，是从鸡的脂肪组织中提取的，色泽金黄，香味浓郁，易被人体消化吸收，有较高的营养价值。鸡油提取的方法有两种：一是将鸡的脂肪组织加水，用中火慢慢熬炼；二是放在容器中蒸制。由于鸡油来源少，一般用于增色或调味，如鸡油馄饨、鸡油面条等。

④ 牛油和羊油。牛油和羊油是从牛、羊的脂肪组织及骨髓中提炼出来的。牛、羊油的熔点高，在常温下为固态，有浓重的腥膻味，不易被人体消化吸收，一般用于少数民族地区面点制品的制作，如花生糕、羊肉烷饼等。

（3）加工性油脂。加工性油脂是将油进行二次加工后得到的产品。常见的有人造奶油、人造鲜奶油、色拉油等。

① 人造奶油（Margarine）是用氢化植物油、乳化剂、色素、食盐、赋香剂、水等经乳化而成的。人造奶油有浓郁的奶香味，具有良好的乳化性、起酥性和可塑性，常用于西点制作。但人造奶油的主要成分是反式脂肪酸，不易被人体消化吸收，长期食用对人体有一定的危害。

② 人造鲜奶油（Cream）的主要成分是氢化棕榈油、山梨酸钠、酪氨酸钠、单硬脂酸甘油酯、大豆卵磷脂、发酵乳、白砂糖、精盐、油香料等。人造鲜奶油应储藏在 −18℃以下，使用时以常温解冻，用搅拌器慢速搅打至无硬块后改为高速搅打，使其体积增大为原体积的 10 ～ 12 倍后，慢速打发，直至组织细腻、挺立性好即可使用。打发奶油常用于蛋糕裱花、西点点缀或作为馅心。

③ 色拉油是将植物油经脱色、脱蜡、脱臭、脱胶等工艺精制而成的。色拉油清澈透明，稳定性强，无不良气味，是优质的炸制油。

2. 油脂的作用

油脂在面点中既可以用于调制馅心，又是调制面团的重要原料，还可以作为炸制时的传热介质，在面点制作中的作用如下。

（1）增加香味，提高成品的营养价值。油脂是人体所需的主要营养物质之一，可以为人体新陈代谢提供能量。据统计，100g 油脂可提供的热量为 3.77 ～ 3.85MJ。

（2）增加层次，使制品酥松。调制面团时，油脂包围在面粉颗粒周围，面粉颗粒之间充满了空气，空气受热膨胀，使制品酥松，同时面粉颗粒吸收不到水分，加热时易碳化而变脆，使制品具有酥脆的口感。

（3）油脂可作为传热介质。

（4）油脂可使制品光滑油亮。

（5）油脂可降低面团的筋力和黏着性，便于成形。

（四）蛋品

常用的蛋品有鸡蛋、鸭蛋、鹅蛋、鹌鹑蛋等，其中鸡蛋的应用较为广泛。

蛋品在面点制作中应用广泛，既可以增加营养，也可以增加香味，使制品色泽鲜艳，并使制品结构疏松，改进面团的组织。在蛋糕的制作过程中，利用蛋清的起泡性，鸡蛋经过搅打可以拌入大量空气，经过加热使蛋糕体积增大，质地松软，呈海绵状。蛋品还可以用于馅心的调制。

（五）乳品

在面点制作中常用的乳品有牛奶、炼乳、奶粉等。乳品的营养丰富、色泽洁白，香味醇厚，同时还具有良好的乳化性，可以改善面团的组织结构，使制品不易老化。乳品常用于高级甜点的制作。

二、食品添加剂

食品添加剂是指在不影响食品营养价值的基础上，为了增强食品的感官性状，提高或保持食品的质量，在食品生产中人为地加入适量化学合成或天然的物质，这些物质被称为食品添加剂。面点中常用的食品添加剂有膨松剂、着色剂、赋香剂、增稠剂、调味剂、乳化剂、凝胶剂等。

（一）膨松剂

膨松剂是指使用后能使面点制品体积膨大疏松的物质，主要分为生物膨松剂和化学膨松剂。

1. 生物膨松剂

生物膨松剂又称生物发酵剂，其利用酵母在面团中生长繁殖这一过程中产生二氧化碳气体，使制品达到疏松膨胀的效果。目前，面点制作中常用的发酵剂有酵母菌和面肥两种，此外还有将酒或酒酿作为膨松剂使用的。酵母作为发酵剂的优点是发酵力强、发酵速度快、效果好、没有酸味，缺点是成本高。面肥发酵是我国传统的发酵方法，其成本低，但在发酵过程中由于醋酸杂菌的存在，会产生醋酸，使面团有酸味，必须加碱进行酸碱中和后才能用于面点制品的制作。

2. 化学膨松剂

化学膨松剂是指在面团调制过程中加入一些化学物质，经加热发生化学反应，使其产生大量气体，使制品达到体积增大、膨松的效果。常用的化学膨松剂有发粉、小苏打、臭粉、食碱、矾、盐等。

（1）发粉。发粉又称泡打粉，是一种白色粉末状物质，是由碱性剂（小苏打）和酸性剂（酒石酸等）配制而成的复合剂。

（2）小苏打。小苏打俗称食粉、重碱，化学名称为碳酸氢钠，是一种白色粉末状物质。当温度达到 50 ~ 60℃时其开始分解，生成二氧化碳气体。它在面点中多用于油条、麻花及各式酥点的制作。但小苏打使用过多会使制品发黄，有苦涩味，一般用量应控制在 1% ~ 2%。

（3）臭粉。臭粉是一种白色晶体状物质，化学名称为碳酸氢铵，易溶于水，溶液呈碱性，容易分解，在 35℃以上开始分解，产生二氧化碳气体、氨气和水，有刺鼻的氨气味。它的优点是用量少、产气多，但制品刚成熟时有氨气味。臭粉用量一般不超过面粉的 1%，常用于炸制、烤制面点，如核桃酥等。

（4）食碱。食碱又称纯碱，化学名称为碳酸钠，是一种白色粉末状物质，水溶液呈碱性，遇酸发生酸碱中和反应，产生二氧化碳气体。在面肥发酵的过程中常常用到食碱。在冷水面团中加入少许食碱，可以增加面团的韧性和延展性，如抻面、刀削面的制作都要用到食碱。

（二）天然色素

天然色素是用于改善制品色泽的辅料，能使制品的色泽鲜艳，诱人食欲。常用的天然色素有叶绿素、红曲米、焦糖、姜黄和姜黄素等。化学合成色素的色泽鲜艳、性质稳定、着色力强、成本低、使用方便，但其含有毒性，超过一定剂量会影响人体健康，所以国家规定餐饮行业禁止使用人工合成色素，在一些烹饪技能大赛中，对人工合成色素的使用更是严令禁止。

（三）香精

香精在面点中用于改善制品的风味，增进食欲。香精是由多种香料调制而成的，包括天然香料和单体香料（人工合成香料）。天然香料是从植物中提取的，对人体无害。单体香料（人工合成香料）是经科学加工合成的芳香烃类化合物，对人体有害，使用量应控制在 0.15% ~ 0.25%，不可超量。目前常用的香精有香草、奶油、薄荷、可可、柠檬、香蕉、菠萝、椰子等。

❓ 想一想

分析两种以上的本地特色面点都添加了哪些调辅料及食品添加剂，并解释添加的作用（意义）。

任务三　面点制作设备与工具

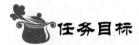

任务目标

技能目标

• 能够正确使用和保养面点制作常用设备与工具。

知识目标

• 了解面点制作常用设备的功能及用途；
• 了解面点制作常用工具的用途。

一、常用设备及用途

（一）初加工设备

1. 搅拌机

搅拌机有卧式和立式两种。机器分为机身、不锈钢桶和搅拌头。搅拌头常用的有网状搅拌头（用于搅打蛋液、打发奶油或糖浆等）、片状搅拌头（用于拌馅）、钩状搅拌头（用于和面）。

▲搅拌机

▲搅拌头

2. 绞肉机

绞肉机主要用于绞肉馅、豆沙馅等。对于肉类加工设备，转动部位必须加装防护罩装置，以确保人身安全。

3.磨浆机

磨浆机主要用于磨制米浆、豆浆等。

▲绞肉机

▲磨浆机

（二）成形设备

1.案台

案台又称案板，是手工制作面点的工作台，用于和面、擀皮、成形等面点操作。案台以实木、不锈钢、大理石等材质为主，其中木质材料以松木、枣木为佳，亦可采用柳木。

2.压面机

压面机的主要功能是利用机械手段反复压制面团，理顺面筋纹理，改善面团结构，降低劳动强度，提高产品质量。

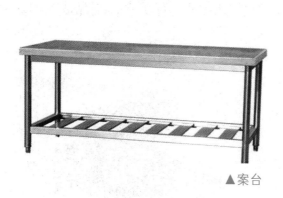

▲案台　　　　　　　　　　　　　　　　▲压面机

3.月饼成形机

月饼成形机适用于广式月饼的成形。利用月饼成形机将馅心包入面皮中，再冲压成形。用它生产的制品大小、质量均匀一致，形态美观，大大提高了工作效率。

4.饺子成形机

饺子成形机具有方便快捷的特点。操作时要注意面团、馅心的干湿度，注意调整皮、馅的比例。

▲月饼成形机

▲饺子成形机

（三）成熟设备

1. 烘烤炉

烘烤炉有隧道式烘烤炉、旋转式烘烤炉、柜（箱）式烘烤炉等，前两种适合大批量生产。根据使用的能源，烘烤炉又可分为煤气、天然气、电等多种类型。目前，饮食行业常用的是柜（箱）式电烤炉，主要是用远红外线的辐射热将制品烘烤成熟。采用烘烤的方法成熟的制品具有酥、松、香、脆等特点。烤箱在使用前要提前调到所需温度预热，开关炉门动作要轻。工作结束后要及时关闭烤箱及电源，以保证使用安全。

2. 微波炉

微波炉主要利用微波元件发出微波能量，用波导管输送到微波加热器，使被加热的物体在微波辐射下引起分子共振产生热量，从而达到加热烘烤的目的。微波炉具有加热时间短、穿透能力强的特点。但微波炉加热时没有明火，制品成熟时不发生糖化反应，色泽较差。

▲柜（箱）式烘烤炉

▲微波炉

3. 电饼铛

电饼铛主要用于面点的煎、烙。加热时，制品受热均匀，不易发生焦煳现象。

4. 电炸炉

电炸炉主要用于面点的炸制，配有滤油网，可调节温度，具有快捷、清洁卫生、移动方便等特点。

▲电饼铛　　　　　　　　　　▲电炸炉

5. 蒸箱

蒸箱在饮食行业中的应用越来越广泛，主要用于蒸制食品的加热成熟。

▲蒸箱

二、常用工具及用途

（一）制皮工具

1. 擀面杖

擀面杖可分为面杖、单手杖、双手杖3种，其粗细、长短不等。面杖适用于擀制大饼、面条、馄饨皮、卷制品等。单手杖呈圆柱形，多用于擀制饺子皮、包子皮及酥皮面点的成形等。双手杖两头细、中间粗，常用于烧卖皮的擀制。

▲擀面杖、走槌

2. 走槌

走槌又称通心槌，形似滚筒，中间空。走槌以采用檀木或枣木为好。走槌适用于擀制大块油酥面团的起酥等。

（二）成形工具

制作面点的一些操作必须借助工具才可完成，模子、裱花嘴、印子、花筒、花钳、剪刀等都是常用的成形工具。

▲模子

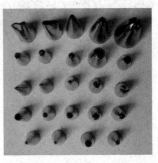
▲裱花嘴

（三）辅助工具

制作面点的辅助工具很多，如电子秤、粉筛、粉帚、刮板、竹筷、汤匙、刀等，它们多用于面点的称料、调料、熟制、初加工等，是面点制作中必不可少的工具。

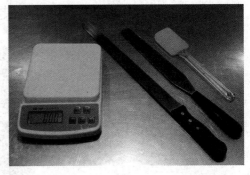
▲ 辅助工具

（四）成熟工具

成熟工具主要是与成熟设备相配套的工具，如烤盘、锅铲、漏勺等。

三、设备和工具的使用与保养

制作面点的常用设备和工具很多，其性能、特点、作用各不相同，在使用时必须注意以下几个方面。

1. 了解设备和工具的性能，按正确的方法使用

现代的机器设备很多，在使用前必须先看说明书或在购买时就先派专人到厂家接受培训，掌握正确的使用方法，以免损坏机器或造成人身伤害。比如，在使用燃气灶时必须遵循先开气后开火、先关气后关火的原则。

2. 注意设备和工具的清洁卫生，设立保管室

食品是直接入口的，设备和工具的清洁卫生直接影响着食品安全和客人的健康。设备和工具不干净，首先会影响菜肴的色、香、味；其次会使食品受到污染，传播疾病。一般在使用前后都必须将设备和工具擦拭干净，晾干后，放到既通风又干燥的保管室，由专人负责保管。操作时，生、熟食品加工使用的设备和工具要分开，且要保持设备和工具的清洁，定期消毒。

3. 登记编号，安全操作

制作面点的设备和工具很多，通过编号可以科学地对设备和工具进行管理。相同设备和工具较多时应该用钢印打上号码，真正做到"用有定时，放有定点"。烹饪过程中常用到刀具、电器、燃气等危险物品，所以工作时应该严格按照要求，集中精力，安全操作。操作间的设计及物品摆放要合理，对消防器材要勤检查，过期的应及时更换，以确保人身和财产安全。

 想一想

1. 设备和工具的保养有哪些注意事项？
2. 如何安全使用烘烤炉？

 知识拓展

食品添加剂对人体有害吗？哪些不能使用？

人工合成色素又称食用焦油色素，因人工合成色素由煤焦油原料制成。据研究，人工合成色素对人体具有 3 种危害，即一般毒性、致泻性与致癌性。致癌性更被人们所关注。此外，许多人工合成色素在生产过程中还会混入砷和铅等有毒物质，因此原中食药监办〔2013〕34 号文件中指出："人工合成色素除可按限量用于部分饮品的加工或糕点的表面装饰外，严禁餐饮服务单位在食品加工中使用。"

膨松剂常用于制作油条、糕点、面食等食品，其中部分为含铝化合物，对人体有害。因此，不得使用含铝成分的酵母粉、泡打粉、塔塔粉等食品添加剂。

知识检测

一、选择题

1. 面粉中的含水量一般为（　　）。

　A. 9.5% ~ 10.5%　　　　　　　　B. 11.5% ~ 12.5%

　C. 13.5% ~ 14.5%　　　　　　　　D. 15.5% ~ 16.5%

2. 中式面点工艺中常见豆类品种主要有（　　）。

　A. 赤豆、绿豆、豌豆、扁豆　　　　B. 大豆、蚕豆、绿豆、豇豆

　　C.豌豆、赤豆、绿豆、大豆　　　　　　D.绿豆、四季豆、赤豆、扁豆

3.下列叙述中正确的是（　　　）。

　　A.白砂糖色泽洁白明亮，晶粒整齐、透明，是白糖的再结晶产品

　　B.白砂糖色泽洁白明亮，晶粒整齐、均匀坚实，水分、杂质还原糖的含量较高

　　C.白砂糖色泽洁白明亮，晶粒整齐、细小绵软，水分、杂质还原糖的含量较高

　　D.白砂糖色泽洁白明亮，晶粒整齐、均匀坚实，水分、杂质还原糖的含量均低

4.糖在面点制作中可增加甜味，调节口味，提高成品的（　　　）。

　　A.维生素　　　　　　　　　　　　　　B.营养价值

　　C.档次　　　　　　　　　　　　　　　D.色泽

5.盐的营养强化剂一般是（　　　）。

　　A.镁　　　　　　　　　　　　　　　　B.碘

　　C.钙　　　　　　　　　　　　　　　　D.磷

6.（　　　）用于炸制油时上色较好；（　　　）因起酥性较好，常用于油酥面团的调制。

　　A.花生油　　　　　　　　　　　　　　B.豆油

　　C.猪油　　　　　　　　　　　　　　　D.奶油

7.（　　　）是百味之王，是人们日常生活中不可缺少的重要调味料之一。

　　A.盐　　　　　　　　　　　　　　　　B.糖

　　C.酱油　　　　　　　　　　　　　　　D.辣椒

8.（　　　）是一种白色粉末状物质，是由碱性剂和酸性剂等配制而成的复合剂，呈中性。

　　A.食碱　　　　　　　　　　　　　　　B.小苏打

　　C.臭粉　　　　　　　　　　　　　　　D.发粉

9.油脂可增加香味，提高成品的（　　　）。

　　A.色泽　　　　　　　　　　　　　　　B.口味

　　C.营养价值　　　　　　　　　　　　　D.弹性

10.肉类加工设备的（　　　）必须加装防护罩装置，以确保人身安全。

　　A.加料部位　　　　　　　　　　　　　B.转动部位

　　C.电源　　　　　　　　　　　　　　　D.托盘部位

二、判断题

（　　　）1.籼米粉的黏性大于糯米粉。

（　　　）2.制馅时应选择那些新鲜质嫩且含水量大的蔬菜作为原料。

（　　　）3.调制面团时加入糖能加快发酵速度。

（　　）4. 油脂能降低面团的韧性。

（　　）5. 面肥发酵时需加入碱面进行酸碱中和。

（　　）6. 鸡蛋的蛋清具有乳化性，制蛋泡糊时有助于蛋液的打发。

（　　）7. 微波炉是利用热对流的方式进行热传递的。

（　　）8. 和面时加入盐，能使面团的面筋网络更加致密，提高面团的弹性和韧性。

（　　）9. 臭粉的用量一般不超过面粉的 1%。

（　　）10. 剪刀、裱花嘴都属于面点成形工具。

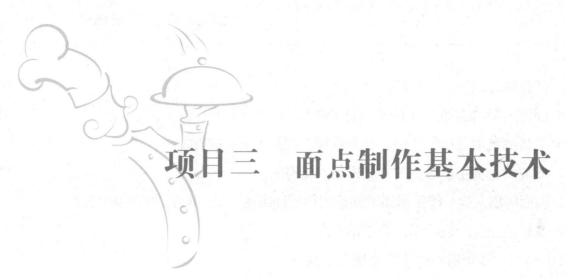

项目三　面点制作基本技术

任务一　成形基础技艺

技能目标

- 能够熟练运用手工和面的3种技法调制面团，并能够达到"三光"标准；
- 掌握和面机的使用及保养方法，并能够使用和面机调制面团；
- 能够运用揉、捣、叠、擦、摔等揉面手法进行操作；
- 能够将面团搓成粗细均匀、光滑圆整的剂条；
- 能够熟练运用揪剂、切剂的手法将剂条制成大小一致、符合制皮要求的剂子；
- 能够熟练制作符合质量要求的水饺、提褶中包、馄饨、烧卖、虾饺的坯皮。

知识目标

- 掌握成形基础技艺包含的内容；
- 掌握和面、揉面、搓条、下剂、制皮的方法。

任务学习

　　成形基础技艺包括和面、揉面、搓条、下剂、制皮5个方面。通过和面、揉面可以调制出适合各种制品所需要的面团。通过搓条、下剂、制皮，为面点制品的成形做好准备工作。

一、面团调制技术

　　面团调制是将各种主料与调辅料，采用手工工艺或机械手段，调制成适合制作面点的面团的过程。面团调制可以分为和面和揉面两个环节。

（一）和面

和面是按照面点制品的要求，将用于调制面团的各种粉料与水、油、糖、蛋等调辅料进行混合调制成面坯的操作过程。和面是面点制作的第一道工序，是面坯调制的重要环节，和面质量的好坏，将直接影响面点制品的品质和制作工艺的顺利进行。

1. 和面的方法

和面的方法可以分为手工和面和机械和面两种。

（1）手工和面。手工和面的方法可以分为抄拌法、调和法和搅拌法3种。

① 抄拌法。将粉料置于容器内，中间扒开一个凹坑，再将水倒入（占总加水量的70%～80%），用双手从外向里、从下向上反复抄拌。抄拌时，用力要均匀，手不沾水、以粉推水，促进水与粉料的结合，直到水分与粉料混合成雪片状为止。然后再加入余下的水，继续双手抄拌，使面团呈现结块状态，揉搓成为面团。此种方法多用于冷水面团和发酵面团。

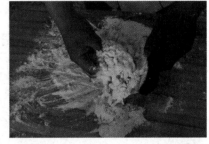

▲ 抄拌法

② 调和法。将粉料置于案板上，中间扒开一个凹坑，倒入适量的水，右手五指张开，从外向里逐步旋转，使水与粉料充分混合成雪花状。调和法要注意根据面坑的大小，动作先慢后快，防止水溢出坑。另外，应注意水要分次加入，双手要默契配合，动作要自然大方。此种方法多用于粉量较少的情况。

▲ 调和法

③ 搅拌法。将粉料置于盆内，左手加水，右手持工具，一边加水一边搅拌。搅拌要顺着一个方向进行。此种方法多用于烫面、蛋糊面等面团的调制。使用搅拌法和面时要注意：第一，调制烫面面团时，沸水要浇匀，搅拌速度要快，才能使面和水尽快混合均匀；第二，调制蛋糊面必须顺着一个方向搅拌。

▲ 搅拌法

（2）机械和面。将粉料置于搅拌桶内，通过和面机搅拌桨的旋转，将粉料搅拌均匀，并经过挤压、揉捏等动作，使粉料互相黏结成坯。采用机械和面的方法可大大降低厨师的劳动强度，提高其工作效率。目前，普遍采用此方法调制面坯。

2. 和面的技术要领及注意事项

（1）和面姿势。和面时两脚自然分开，站成丁字步或倒八字步，站立要端正，上身略微向前倾，便于用力。

（2）掺水拌粉。一般情况下，掺水量为每 500 g 面粉加水 250 g，但由于面粉本身的含水量、气温高低、空气湿度、制品本身要求等因素的影响，掺水量出入很大，因此要根据各种制品的不同要求掺水。无论掺水量大小，都不宜一次加足，而应分 2 ~ 3 次加入。掺水次数也不应一概而论，要考虑制品本身的具体要求。例如，在调制烫面面团时，沸水要一次加完，以便将面团烫好。

（3）动作迅速、干净利落。无论采用哪种方法和面，都应动作迅速、干净利落，这样才能保证面粉吃水均匀。

（4）注意台面卫生，达到"三光"要求。

注意事项：在和面工作完成后，要及时清理台面、容器和手，可用刮板将台面上粘连的面刮去；粘在手上的面，可用双手对搓，要做到面光、手光、案板光（"三光"）。

（二）揉面

揉面是指将和好的面坯经过反复揉搓，使粉料与辅料充分融合，形成光滑、柔软并符合质量要求的面坯的操作过程。揉面是面点制作的第二道工序，面团揉得好坏对制品的成形有很大影响。

不同的面团和制品，其揉面方法也不相同，揉面方法主要有揉、捣、揣、擦、摔、叠等。

1. 揉

揉是指用手掌根部用力向外推动，把面团推开，再由外向内卷起形成面团，翻上"接口"；然后再用双手往两侧推开，如此反复直到揉制均匀、面团光亮滑润为止。揉分为单手揉、双手揉和双手交替揉 3 种技法。揉法的适用范围广，水调面团、发酵面团、水油面团等均可采用此种技法进行揉面。

▲ 单手揉　　　　　　　　▲ 双手揉　　　　　　　　▲ 双手交替揉

2. 捣

捣是指在和好面团后，双手握拳在面团各处用力向下捣压的一种技法，可双拳捣或单拳捣。此法多用于增加面团的筋力。

▲ 双拳捣　　　　　　　　　　　　　　　　　　　　　▲ 单拳捣

3. 揣

揣是指双手交叉或握拳用掌背用力向下揣压，或用手掌根部向外推压，有时还需要边揣边蘸水。此法多用于抻面面团的调制，发酵面团施碱操作，以及大量面团的揉制。

▲ 揣

4. 擦

擦是指用手掌根部把面团层层向前推擦，推擦到前面后回卷成团，如此反复直到将面团推擦均匀为止。此法多用于调制干油酥面团。

▲ 擦

5. 摔

摔是指用双手或单手拿住和好的面团，举起后反复用力摔在案板上，使面团增加筋力的操作方法。

▲ 摔

6. 叠

叠是指将粉料与水、油脂、糖、蛋、乳等配料混合后，双手配合刮板上下翻转叠压，使原料混合均匀的操作方法。叠制时要注意不可次数过多，以防止因面团筋力过大而影响面团质量。此法多用于油酥面团中的混酥，防止产生筋力，影响制品的质感。

二、分坯技术

分坯是指将调制好的面团按照成品的要求分割成统一规格的面坯以供制皮所用的操作过程。分坯包括搓条和下剂两道工序。

（一）搓条

搓条是指将调制好的面团制成粗细均匀、圆滑光润的长条以供下剂使用的操作过程。

1. 搓条的方法

取一块醒好的面团，双手掌压在面团上，来回推搓，同时向两边延伸，将面团搓成粗细均匀的圆柱形长条以供下一步操作使用。

▲ 搓条

2. 搓条的操作要领

（1）两手用力要均匀，从中间向两边扩张，以确保粗细均匀。

（2）手法要灵活、起落自然，始终以手掌部位搓制面团，才能保证搓条光洁、圆整、无干皮、粗细一致。

（3）馔粉（干面粉）要适量，过多则搓条时易起干皮，过少则不利于下一步操作。

（二）下剂

下剂是指将搓条后的面团按照制品要求，分成一定规格分量的面坯的过程。下剂的质量将直接影响制皮和制品的形状。下剂的方法有多种，按照操作方法可分为揪剂、切剂、挖剂、拉剂 4 种。

1. 揪剂

揪剂又称摘剂，是指在将剂条搓匀后，左手轻握剂条，从左手虎口处露出相当于剂子大小的一段，用右手大拇指和食指轻轻捏住，并顺势往下前方推拉将剂子摘下。

▲ 揪剂

2. 切剂

切剂又称剁剂，是指将搓好的剂条放在案板上，根据所需剂子的大小用刀切下的一种下剂方法。

▲ 切剂

3. 挖剂

挖剂是指将搓好的剂条置于案板上，左手按住，右手四指弯曲，从剂头开始由外向内挖取小块面剂。此法多用于较粗的剂条。

▲ 挖剂

4. 拉剂

拉剂是指用五指抓住一块面团，用力拉下。此法多用于比较稀软的面团。

三、制皮

制皮是指按面点品种和包馅的要求将面坯剂子制成符合一定质量要求的薄皮的过程。制皮的技术要求高，操作方法较为复杂。制皮质量的好坏直接影响包馅和制品的成形。

由于各面点品种的要求不同，制皮的方法也有所不同，常用方法有以下几种。

1. 擀皮

擀皮是指利用工具将面剂擀制成相应的坯皮的过程。此种制皮技法是当前较主要、较普遍的制皮方法，其技术性较强。由于品种多，擀皮的工具和方法也是多种多样的。擀皮方法包括单手杖擀、双手杖擀、橄榄杖擀、通心槌擀等。

▲ 擀皮

2. 按皮

按皮是较基础的一种面皮加工方法。在进行面皮的制作以前，通常需要先将下好的剂子立放在案板上，通过使用手掌根部的力量进行面皮的加工，通过不断地反复按压，将面皮形成中间稍厚、边缘较薄的圆形皮。这种类型的面皮适用于包子、馅饼等面点的制作。

▲ 按皮

3. 拍皮

拍皮需要在按皮以后对剂子稍加整理，达到标准后即可使用。拍皮时往往先对剂子进行初步的压制加工,然后通过拍皮刀等工具进行旋转式的压制,最终形成一边稍厚、一边稍薄的圆形皮。

4. 捏皮

捏皮的技巧一般用在米粉面团或汤团的制作上。通常,捏皮时需要先将剂子按扁,然后用手直接捏成圆形。此时需要注意的是,根据面点加工方式的不同,对坯皮的大小也需要做好适当的调整,这样才可以更好地做好外形的加工,辅助面点的整体表现。

5. 摊皮

摊皮是一种比较特殊的面点制皮方式,但其工艺也并非特别难以掌握。由于受到各地不同制作工艺的影响,所以摊皮的方法也是多种多样的。通常,摊皮时将高沿锅或平锅架于火上,在确保火候适当以后,再拿着面团不停地抖动并且顺势向锅内摊成圆形皮,并迅速拿起面团继续抖动,待锅中的皮熟时即取下,再行摊制。这样的方式往往可以有效地确保面皮的形状更加美观,还能确保面皮厚度的均匀。

中式面点面皮的一些基本加工方法、工艺虽然并不是特别复杂,但要保障面点的味道出众,还必须重视坯皮的加工过程,确保面皮的均匀适宜,这样才可能全面提升面点制品的质量。

❓ 想一想

为什么在和面时,水要分次加入?

❓ 做一做

1. 面团调制练习:将500g面粉、200g水调制成面团,采用调和法和面,并用揉、捣、摔的方式揉面。要求面团组织紧密、色泽洁白,并达到"三光"要求。

2. 下剂、制皮练习:使用300g面粉、120g水调制成面团后,进行搓条、下剂、制皮练习。要求在20分钟内下出30个剂子,并将其中15个剂子采用单手擀的方法制成饺子皮。要求下剂大小一致、摆放整齐,饺子皮坯光滑圆整、中间略厚于边缘、无毛边、无过多干粉。

任务二　成形方法

　**任务目标**

技能目标

- 能够使用切、抻、削、搓、包的成形手法熟练制作手擀面、抻面、刀削面、麻花、水饺、烧卖、秋叶包、烫面蒸饺、花色蒸饺等制品的生坯；
- 能够熟练运用包的手法包制出色泽洁白、大小均匀，不少于20褶的提褶中包生坯；
- 能够运用其他成形方法制作相应制品的生坯。

知识目标

- 理解成形的定义及作用；
- 掌握上馅的分类及适合制作的制品品种；
- 掌握常用成形方法的操作要求。

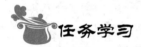　**任务学习**

一、成形的定义及作用

（一）成形的定义

成形技术是指用调制好的面团和坯皮，按照面点的要求包馅心（或不包馅心），运用各种方法，制成各种形状的成品或半成品。成形后再经过加热熟制即成为最终制品。

（二）成形的作用

面点成形是一项技术性较强的工作，它是面点制作的重要组成部分。面点和菜肴一样，也要求色、香、味、形俱佳，而面点的形态美观尤为重要，使面点具有特色。例如，包、饼、糕、团、粉、冻等制品，以及色泽鲜艳、形态逼真的象形花色制品，都体现了中式面点独有的特色。

二、成形的分类

由于面点制品的花色繁多,成形方法也是多种多样。面点制作工艺流程可分为和面、揉面、搓条、下剂、制皮、上馅,再用各种手法成形。前几道工序属于基本技术范畴,与成形紧密联系,对成形品质影响较大。面点的成形包括上馅和成形两方面的内容。

（一）上馅

根据面点的品种不同,上馅的方法也不同,主要有填入法、铺上法、装入法、注入法、盖浇法、滚粘法等。

（1）填入法。填入法是指一只手托住坯皮或将坯皮直接置于案板上,另一只手用馅挑或筷子将馅填于坯皮上某一部位的上馅方法。此法适用范围较广,凡属于坯皮包馅的制品,无论封口或不封口,均可采用填入法上馅,如水饺、烧卖、蒸饺、麻团、馄饨、酥盒等。

（2）铺上法。铺上法是指将擀制成薄皮的坯料置于案板上,并将馅料均匀地平抹在整块坯料表面的方法。此法适用于坯料较大而薄,采用卷制成形或几层皮料中夹馅成形面点的上馅,如卷筒蛋糕、豆沙花卷等。

（3）装入法。装入法是指用勺将馅料装入一定形状的坯料中的方法。此法适用于坯料单独采用模具成形再上馅的面点,如蛋挞、鸡粒盏等。

（4）注入法。注入法是指将馅装入裱花袋中,再挤注到坯料表面或内部的方法。此法适用于先成熟、后成形且馅料较稀软的面点制品,在西式面点中常用,如奶油泡芙等。

（5）盖浇法。盖浇法是指将预先成熟的馅料盖浇在熟制后的坯料表面上。此法适用于面条类的添加配料。

（6）滚粘法。滚粘法是指将馅料切成小块,沾水,放入干粉中用簸箕摇晃,裹上干粉即成,主要用于元宵的上馅。

（二）成形

1. 成形方法

（1）抻、切、削、拨。

① 抻是将面团用一定的手法反复抻拉成形的一种方法。用此种方法成形的制品称为抻面,有的地区称之为拉面,是我国面点制作中一项独有的技术,为北方的面条制作之一绝。

② 切是以刀为主要工具,将加工成一定形状的面坯切割而成的一种成形方法,如三鲜伊府面、刀切馒头等。

③ 削是用刀一刀接着一刀地直接将面团削成长形面条的一种成形方法，包括手工削和机器削两种。此种技法主要用于刀削面的成形。

④ 拨是面条的成形方法之一，是用铁、木、竹筷子将稀糊面团顺容器边缘拨出两头尖、中间粗的条的一种成形方法。此种成形技法适用于较为稀软的面团，如拨鱼面等。

（2）叠、摊、按、擀。

① 叠是把经过擀制的面坯用折叠的手法制成半成品形态的一种成形方法。叠的方法：在成品或半成品成形时，由于花样变化较多，折叠方法各不相同，有对折的，也有反复多次折叠的。叠的具体要求：手法灵活，折叠时收口要齐，操作时每次折叠要清晰、平整，要根据点心的特点，达到成品的要求。其最后成形还需结合擀、卷、切、剪、钳、捏等工序。

② 摊是把较稀软或糊状的面坯置于加热的铁锅内，经旋转使坯料形成圆形成品或半成品的一种成形方法。按照摊制方法的不同，可分为成品成形法和半成品成形法两种。摊的具体要求：必须善于掌握火候，手法灵活，动作熟练；成品厚薄均匀，规格一致，完整无缺。

③ 按又称压，是指用手掌或手指按压坯形的方法，常作为辅助手法配合包、印模等成形工艺使用。按的具体要求：用力均匀，对包馅品种一般应注意按的动作要轻重适度，以防止馅心外露。对成品的基本要求是厚薄一致，大小一致，不漏馅。

④ 擀是运用橄榄杖、面杖、通心槌等工具将坯料制成不同形态面皮的一种成形方法。

（3）搓、包、卷、捏。

① 搓是指将醒好的剂条用双掌搓成粗细均匀的长条，再用双手按住两头，一只手向前，另一只手向后搓上劲，然后一只手交给另一只手成为双条，再顺劲搓紧，成双股即可。搓主要用于麻花类制品的成形。

② 包是指将制好的面皮包入馅心后使之成形的一种方法。因制品的不同，故有不同的包法，如提褶包法、烧卖包法、馄饨包法、汤圆包法、春卷包法、粽子包法等。

③ 卷是指将擀好的面皮经加馅、抹油或直接根据品种要求卷合成不同形式的圆柱形，并形成间隔层次的一种成形方法。按制法可分为单卷法和双卷法。

④ 捏是指将包馅的面剂按成品形态要求，通过拇指与食指的技巧制成各种形状的一种成形方法。捏一般采用拇指和食指操作，方法灵活多变，动作也多种多样。捏可分为一般捏法和花式捏法。花式捏法又分为推捏、捻捏、搓捏、挤捏等。捏所制作的品种要符合质感、形象逼真、规格一致。

（4）滚粘、镶嵌、钳花、模具。

① 滚粘是指将馅心加工成球形或小方块后通过沾水增加黏性，在粉料中滚动，使表面粘上多层粉料的一种成形方法。滚粘的具体要求：粉料或其他辅料要均匀地粘在制品的外层；其他辅料一般应呈小颗粒状，且颗粒的大小一致；操作时动作要协调，坯剂滚动的力要均匀。例如，北方地区的滚摇元宵就是采用此种方法成形。

② 镶嵌是指通过在坯料表面镶装或内部填夹其他原料而达到美化成品、增调口味目的的一种成形方法。镶嵌是美化成品菜点的艺术，它没有规范的手法，但镶嵌原料颗粒的大小、色彩应协调。镶嵌可具体分为直接镶嵌和间接镶嵌两种。直接镶嵌是在糕、饼面坯上直接嵌上其他原料，如在枣糕制作中镶嵌枣。间接镶嵌是先将点心的主料和其他原料颗粒拌在一起，再制成成品，使点心的表面露出其他原料，如在百果年糕制作中镶嵌百果。

③ 钳花是指运用花钳等小型工具整塑成品或半成品的一种成形方法，可使制品形成多种多样的花色品种，如钳花包、荷花包等。

④ 模具是指将生熟坯料注入、筛入或按入各种模具中，利用模具成形的方法。模具的种类可分为印模、套模、盒模、内模。模具成形的方法可分为生成形、加热成形、熟成形等。

2. 其他成形方法

除上述方法外，还有拧、剪、夹等其他成形方法。

① 拧是指将坯剂或剂条制成绳的形态的一种成形方法，常和搓、切等手法结合使用。拧的具体要求：双手用力均匀，扭转程度适当，剂条粗细一致，形象美观，形状整齐。

② 剪是指用剪刀将面坯修饰成成品或半成品的一种成形方法，常配合包、捏等方法使用。剪的具体要求：手法灵活，下刀深浅适当，符合成品的形态要求。

③ 夹是指借助工具（如竹筷、花钳或花夹等）将面皮夹制成一定形状的一种成形方法。

④ 挤注是指将坯料的布袋，通过手指的挤压，使坯料均匀地从袋嘴流出，直接注入半成品或挤入烤盘形成品种形态的一种成形方法，如制作泡芙、手指饼干、蛋白酥条等。根据品种的不同要求，可更换袋嘴上的挤注器，通过挤、拉、带、收等手法，形成各种不同形状的成品或半成品。挤注的具体要求：用力得当、出料均匀、规格一致。

⑤ 裱花是指将装有半流体状原料（多为装饰料）的袋子，通过手指的挤压，使原料均匀地从袋嘴流出，裱制出各种花卉、树木、山水、动物、果品等图案和文字的一种成形方法，大多用于西式裱花蛋糕。

⑥ 立塑是指用适当的成熟主坯或直接可以食用的原料制成立体图案的一种成形方

法，是面点成形方法的综合体现。

⑦ 平绘是指利用可食用的糕体做坯，在糕坯上塑造出各种花卉、飞禽走兽等平面图案的一种成形方法。

❓ 想一想

元宵、麻花、生日蛋糕、曲奇饼干各是采用什么方法成形的？

❓ 做一做

将300g面粉调制成水调面团，在30分钟内包制出10个提褶中包生坯，要求大小一致、纹路清晰，褶子不少于20个。

知识拓展

中式面点制作过程中常见的加工用具

我国传统的面点工艺有着其独特的操作技法，通过对于面点的不同处理，往往能够制作出形态各异且香甜美味的面点食品。我国面点材料虽然较为单一，不过成形的面点作品却是风格多样。在进行面点的加工时，为了让相同的材料具有不同的表现，在进行定形处理时，往往会采用不同的技法，有时候还会采用一些辅助工具。若想在面点的造型方面有更多的变化，还得对这些工具有一个全面的认识与了解，通过巧妙的应用来制作出更加独特的面点作品。

以下是中式面点制作过程中常见的加工用具。

1. 印模

在进行一些饼类面点的制作时，印模是较常见的一种辅助工具。这种工具大多以木质结构为主，形状也十分多样，不过还是以圆形的印模居多。通常来讲，为了能够更好地辅助加工，印模被设计为单凹、多凹等各种不同的类别，在一些较为独特的印模中，还会有一些进行面点花纹处理的纹路。这种印模可以直接将坯料进行最终的定形处理，使用十分方便，适用于小型面点的制作。

2. 花戳子

花戳子即通常所说的套模，它是一种不锈钢的定形工具。与印模不同的是，这种工具的形状更为多样化，不仅有圆形、菱形等几何形状，而且根据加工的不同需求，还会有动物或花鸟等形状的模具。用这些工具能够很快地进行一些复杂造型的面点加工，实用性很强，通常都会应用到饼干等面点的制作中。

3. 花钳

花钳又称花剪、花夹，是一种用于面点后期加工的定形工具。这种工具由不锈钢制成，会根据需要对钳头做出细微的调整，以便能够在成形的面点上进行雕琢，从而钳出一些生动形象的图案。花钳是较为精细的工具，用花钳加工时，由于可能会损害已经成形的面点，所以使用时需要多加小心，一定要掌握好使用技巧。

4. 花车

花车与花钳相同，也是一种用于面点后期加工的定形工具。不同的是，花车是一种利用滚轮进行面点平面雕刻的工具，使用起来更加方便。对于中式面点而言，在实际加工过程中，花车的应用情况并非很多，大多数时候都只用在一些花式面点的制作中。

对于中式面点的加工工艺来说，一方面，需要不断地熟悉加工的流程，扎实地掌握面点制作的技巧；另一方面，适当地利用一些工具进行造型加工，同样可以给面点制作带来很大的帮助。

知识检测

一、选择题

1. 以下选项不属于和面手法的是（　　　）。

    A. 抄拌法　　　　　B. 叠制法　　　　　C. 调和法　　　　　D. 搅拌法

2. 在粉量较少的情况下应采用（　　　）和面。

    A. 抄拌法　　　　　B. 调和法　　　　　C. 搅拌法　　　　　D. 机械法

3. 对比较稀软的面团应采用（　　　）的方法下剂。

    A. 切剂　　　　　　B. 揪剂　　　　　　C. 挖剂　　　　　　D. 拉剂

4. 在米粉面团和汤团的制作上经常采用（　　　）的方法制皮。

    A. 擀皮　　　　　　B. 按皮　　　　　　C. 捏皮　　　　　　D. 拍皮

5. 将馅装入裱花袋中，再挤注在坯料表面或内部的上馅方法称为（　　　）。

    A. 填入法　　　　　B. 装入法　　　　　C. 注入法　　　　　D. 滚粘法

6. 剪是指用剪刀将面坯修饰成成品或半成品的一种成形方法，常配合（　　　）等方法使用。

  A. 抻、切   B. 切、包   C. 包、捏   D. 叠、摊

7. 拧要求双手用力均匀，（ ），剂条粗细一致，形象美观，形状整齐。

  A. 尽量拧紧 B. 不要拧紧 C. 扭转程度适当 D. 有松有紧

8. 捏的方法灵活多变，大致有（ ）等。

  A. 推捏、捻捏、搓捏、拉捏   B. 推捏、捻捏、对捏、挤捏

  C. 推捏、按捏、搓捏、挤捏   D. 推捏、捻捏、搓捏、挤捏

9. 滚粘要求：操作时（ ），坯剂滚动的力要均匀。

  A. 动作要协调 B. 动作要大 C. 要尽量用力 D. 要尽量省力

10. 镶嵌是美化成品菜点的艺术，它没有规范的手法，但镶嵌原料颗粒的大小、（ ）应协调。

  A. 口味   B. 质感   C. 色彩   D. 外形

二、判断题

（ ）1. 和面时无论掺多少水，都应一次加足。

（ ）2. 擦制法主要用于调制干油酥面团。

（ ）3. 搓条时要尽量多加饽粉，否则不易操作。

（ ）4. 对较粗的面团下剂一般采用挖剂法。

（ ）5. 元宵是采用包入法上馅的。

（ ）6. 采用叠成形方法时，要反复多叠。

（ ）7. 摊是指将较稀软或糊状的面坯置于加热的铁锅内，经旋转使坯料形成圆形成品或半成品的一种成形方法。

（ ）8. 按的成形方法，对成品的基本要求是厚薄一致、大小均匀、不漏馅。

（ ）9. 捏所制作的品种要符合质感、形象逼真、规格一致。

（ ）10. 捏的成形方法一般使用拇指和食指操作，方法灵活多变，动作也多种多样。

项目四　面团调制技艺

任务一　了解面团

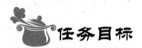任务目标

技能目标

• 能够根据面团的特性，区分常见的面点品种。

知识目标

• 了解面团的概念及作用；

• 了解面团的分类。

任务学习

一、面团的概念

面团是指粮食类的粉料与水、油、蛋、糖及其他辅料混合，经调制使粉粒相互黏结而形成的用于制作面点成品或半成品的均匀的团、浆坯料的总称。面团的形成过程一般称为面团调制。

二、面团的作用

面团调制是面点制作的第一道工序，它是面点制作的入门技术，与成品的制作和特色的体现有着直接的关系和相当重要的作用。

（一）为形成工艺提供适用的面团

粮食粉料和辅料之所以能够相互黏结成团，是因为粉料中含有淀粉、蛋白质等成分，具有与辅料（水、油、蛋等）结合在一起的条件，而调制方法也起到重要的作用。

如仅把粉料和各种物料掺在一起，不加调制是不会自然成团的，只有在掺和后采用适当的方法调制处理，才能形成面团。例如，面粉和油脂调和时一定要揉擦，以增大油脂的润滑面积、增强油脂的黏性，才能使粉粒黏结，从而形成团块。同时，对相同的粉料和相同的辅料，采取不同的方法调制，可以形成不同的面团。例如，用蛋和面粉调制成面团，既可以调制出膨松的蛋糕面团，又可以调制出不膨松的蛋面的面团。此外，各种粉料所含的淀粉、蛋白质的差异，各种辅料性质的不同（包括水温的高低），投量的多少等原因都会影响面团的黏结。只有根据成品的要求采用适当的原料和相应的调制方法，才能得到成形工艺所适用的各类面团。

（二）确定面点品种的基本口味

面点品种的口味，来源于3个方面：一是原料本身之味，即本味；二是外来添加之味，即调味；三是成熟转化之味，即风味。

面团在加工调制时，加入了各种辅料，形成面点品种的基本口味。例如糖年糕、蛋糕等品种，都是在调制面团时就确定的。

（三）形成成品的质感特色

成品的特色，主要包括3个方面，即口味特色、形态特色和质感特色。质感特色的形成是面团调制的主要目的之一，也是形成品种风味的关键。在面团调制的工艺操作中，可以实现成品的松、软、滑、糯、膨松、酥脆、分层等各种不同的质感，如馒头的松软、膨大，水饺的润滑，汤圆的软糯，酥饼的香酥、松脆等。

（四）通过面团的调制丰富面点的品种

由于运用原料不同，调制方法不同，所以形成的面团的性质也不同，这样就大大丰富了面点的品种。

（五）提高成品的营养价值

食物原料中所含的人体需要的营养成分是不全面的，根据营养学的观点，提高食物营养价值的有效方法是进行合理的原料组合，以达到营养成分的互补。在面团调制中，将不同的原料，根据品种生产的要求，合理地进行配合，是面团调制的主要工艺内容。因此，在调制面团过程中，进一步探索原料的合理组合，寻求提高食品的营养价值，具有深远的意义。

三、面团的分类

进行面团调制时由于采用了不同的原料和不同的工艺，所以形成了各种不同的面团。行业中按面团的属性一般分为水调面团、膨松面团、油酥面团、米粉面团和其他面团五大类。

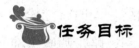 **想一想**

1. 面团的作用是什么？
2. 分析常见的五大类面团制品，说明它们的区别在哪里。

任务二　水调面团

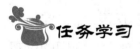 **任务目标**

技能目标
- 能够掌握冷水、温水、热水面团的调制方法，并能制作两种以上的面点制品，要求动作熟练，制品达到标准。

知识目标
- 了解水调面团的性质和特点；
- 了解水调面团的形成原理；
- 了解水调面团的调制方法及操作要领。

任务学习

一、水调面团的性质和特点

水调面团是指用面粉直接加水（有时加少许的盐、碱等）调制而成的面团。在北方的面食中，常见的面点品种有面条、水饺、馄饨、春卷、蒸饺、锅贴、烧卖、刀削面、烩面等。水调面团具有组织紧密、质地坚实，有韧性、弹性、可塑性的特点，口感爽滑、筋道。

根据水温的不同，水调面团可以分为冷水面团、温水面团和热水面团。

（一）冷水面团（水温在30℃以下）

冷水调制的面团不会引起淀粉糊化和蛋白质的热变性，而是利用蛋白质的亲水性，经过揉搓，使面团形成致密的面筋网络。因此，冷水面团具有质地硬实、延展性好、韧性强的特点，适合制作水饺、面条、馄饨等面食品种。

（二）温水面团（水温在50℃左右）

因温水面团所用水的温度与蛋白质热变性和淀粉膨胀糊化的温度接近，所以在面团调制过程中，蛋白质和淀粉都在起作用。蛋白质虽然开始变性，但它还能形成面筋网络，因而面团能保持一定的筋力；淀粉虽已膨胀，吸水性增强，但只是部分糊化。因此，温水面团的特点是色白，具有弹性、韧性和可塑性，其性质居于冷水面团和热水面团之间，其制品便于包捏，不易走形，适合制作各式花色饺子和饼类。

（三）热水面团（水温在70℃以上）

热水面团又称沸水面团或烫水面团。因为用的水是70℃以上的热水，所以面粉中的蛋白质因热变性而发生凝固，面筋胶体被破坏，无法形成面筋网络。同时，淀粉糊化吸收大量水分，面团的黏性增加，从而形成了热水面团黏、柔、糯、略带甜味（淀粉糊化时分解出单糖）和没有筋力、可塑性好的特点。成熟后，其制品的色泽较暗、有甜味、吃口不腻、易消化；适合制作烫面饺、烧卖、锅贴等面食。

二、水调面团的形成原理

水调面团是以水为介质、与面粉掺和调制的面团。面粉中的淀粉和蛋白质都具有亲水性，这种亲水性随着水温的变化而变化，从而使面团具有不同的性质。

在面团调制过程中，淀粉在常温下基本没有变化，吸水率低。水温在30℃时，淀粉只能吸收30%左右的水分，颗粒也不膨胀，大体仍保持硬粒状态。在水温升至53℃时，淀粉的颗粒逐渐膨胀；水温在65℃以上时，淀粉开始糊化，体积比在常温下涨大好几倍，吸水量增加，黏性增强，并有一部分溶于水中；水温超过67.5℃时，淀粉大量溶于水中，成为黏度很高的溶胶；水温在90℃以上时，黏度越来越大，面团的可塑性越来越强。

蛋白质在常温条件下不会发生热变性，吸水率高。水温在30℃时，蛋白质能吸收150%左右的水分，经过揉搓，能逐步形成柔软而有弹性的胶体组织，俗称"面筋"。但水温升至60℃及以上时，蛋白质就开始热变性，逐渐凝固，筋力下降，弹性和延伸性减退，吸水率降低，只有黏度稍有增加。随着温度继续升高，热变性作用也越来越强，面团中的面筋受到破坏，面团的弹性、韧性、延展性和亲水性都逐渐减退，直至完全没有筋力。

三、水调面团的调制方法及操作要领

（一）冷水面团

调制冷水面团时，要经过下粉、掺水、拌和、揉搓、醒面等过程，在调制中要注意以下几个关键问题。

1. 掌控好吸水量

过硬加水，过软掺粉，不仅浪费时间和人力，还会影响面团质量。因此，要根据气候条件、面粉质量和成品要求，正确掌握吸水量。

2. 水温适当

水温要控制在30℃左右。一般在冬天调制时，可将水温升至35℃左右；在夏季调制时，不但要使用冷水，还要适当掺入少量的盐，盐的渗透性可使面团组织更为紧密，提高筋力。

3. 反复揉搓

冷水面团要通过揉搓才能形成致密的面筋网络，所以在粉料成团后要反复揉搓，或成团后静置10～15分钟，充分吸收水分后，再把面揉光、揉匀，直到不黏手为止。

4. 静置醒面

面成团后要醒面，醒面时要盖一块湿布，以防止表面结皮。其目的是通过静置醒面，让面粉充分吸收水分，进一步混合均匀，使面团更加柔软光滑。

（二）温水面团

温水面团的调制大体和冷水面团相似，但由于温水面团本身的特点，在调制中要注意以下两点。

1. 水温适当

水的温度以50℃左右为宜，不能过高或过低，否则将失去温水面团的特点。

2. 散发热气

因用温水调成，面团内有一定热气，这种热气对制作成品不利，所以要散发热气。

（三）热水面团

热水面团的要求是软、柔、糯，根据这一特点，在面团调制过程中，要注意以下几个关键问题。

1. 烫粉要匀

烫面时，要尽量使热水与粉料充分混合、受热均匀，烫面后不可有干粉，否则会影响面团和成品的质量。

2. 吸水量要准确

面团过硬加热水，不容易揉匀；面团过软加面粉，面粉又生熟不一。因此，在调制热水面团时，要一次加足热水。

3. 散发热气

面团烫好后，必须进行散热处理。否则热气留在面团内，不仅会黏手影响操作，还会使制品表面结皮，显得粗糙，甚至易引起开裂，影响制品品质。

4. 静置醒面

醒面的作用与冷水面团一样，但静置时间可短些。

四、实训案例

（一）冷水面团实训制品

 技能训练1——手工面

（1）原料准备：

面粉500g。

（2）制作过程：

① 调制面团。将500g面粉过筛后置于案板上，中间扒开一个凹坑，加入约200g冷水，一只手拿刮刀，另一只手由内向外逐步拌匀，调和成较硬的面团，把面团揉匀、揉透。加盖湿布，静置醒面约15分钟。

▲ 手工面——调制面团1　　　▲ 手工面——调制面团2

② 擀制。把醒好的面团揉光、揉匀，按压成饼状，用长擀面杖擀压面团，一边擀压，一边转动面片，保持厚薄均匀，形状圆整。待面片变大，把面片卷到擀面杖上，双手均匀用力推动擀面杖进行擀制，边擀边转动面片，擀成又薄又大的圆薄片。

③ 叠面片。将大薄面片撒上馀粉，一反一正、一层一层地叠起来，叠成上窄下宽的梯状长条。

▲ 手工面——擀制　　　▲ 手工面——叠面片

④ 切条。用刀切成细条（面条的宽窄可根据个人喜好进行选择）。面条切好后，把面条抖开，整齐码放在案板上待用。

▲ 手工面——切条　　　　　　　　　　　　▲ 手工面

（3）成品特点：

面条厚薄一致，宽窄均匀。

（4）注意事项：

① 注意加水量，面团要硬，不能软，否则既不便于擀制也影响口感。

② 擀面条时，双手用力要均匀，保持面片各部位厚薄一致，没有破洞。

③ 擀好面皮后、折叠前要撒馇粉，以防粘连。

④ 面条宽窄要一致。

⑤ 煮制时要在水烧开后下锅。

【我的实训总结】：_____

_____

_____

🥣 技能训练2——水饺

水饺是以冷水面做坯皮，包以馅心，捏成木鱼形，用水煮至成熟。其馅心种类很多，常见的有大葱猪肉馅、韭菜猪肉馅、白菜猪肉馅、三鲜馅、虾仁馅、鱼肉馅、素菜馅等。食用水饺时一般是蘸香醋就生蒜吃，有的人蘸辣椒油，也有的人在碗内盛入鲜汤同食，称为鲜汤水饺。

（1）原料准备：

面粉1000g，菜肉馅1500g。

（2）制作过程：

① 调制面团。将面粉过筛后置于案板上，中间扒开一个凹坑，加入约400g冷水，拌成雪花状，揉成软硬适宜的面团，静置醒面。

② 下剂、擀皮。将面团搓成细长条，揪出160个剂子，擀成直径约为5cm的圆

形坯皮。

③ 包馅。拿一个坯皮，加入10g馅心，对折捏成木鱼形饺子生坯，码放好。

④ 水煮。锅中加水烧开，放入饺子生坯，用手勺推动水旋转，在水沸腾时，点入冷水再煮，反复3次后，待饺子皮无白心、馅心结实时即可起锅。

▲ 水饺——下剂、擀皮

▲ 水饺——包馅1

▲ 水饺——包馅2

▲ 水饺——包馅3

（3）成品特点：

水饺色泽洁白，形状完整，爽滑筋道，皮薄馅大，馅鲜适口。

（4）注意事项：

① 面团要揉光、揉匀、揉透。

② 饺子皮要厚薄均匀，不要粘过多的干面粉。

③ 包制生坯时不可漏馅，煮制时防止裂口、破肚、漏馅。

④ 在煮制过程中，要水足、火旺，才能使饺子爽滑筋道。

【我的实训总结】：＿＿＿＿＿＿＿＿＿＿＿＿＿＿＿＿＿＿＿＿＿＿＿＿＿＿＿＿＿＿

＿＿

＿＿

技能训练3——馄饨

馄饨，在广东叫"云吞"，在四川叫"抄手"，在有的地方叫"小饺"。馄饨的成品形态有多种，常见皱皮形和三角形；成熟方法一般采用水煮，有的地方也采用炸制成熟法，如广东的"生汁炸云吞"。馄饨的馅料、汤汁因各地的饮食习惯不同而不同，品种很多，如豆沙馄饨、红油馄饨、三鲜馄饨、鲜菇馄饨等。

▲ 馄饨

（1）原料准备：

面粉500g，干面粉适量，鲜肉馅600g，盐、味精、胡椒粉、香菜末、小葱适量。

（2）制作过程：

① 调制面团。将面粉过筛后置于案板上，中间扒开一个凹坑，加入约175g冷水，和成软硬适宜的面团，用湿布盖好，醒面20分钟。

② 擀制。用通心槌将面团擀成约1cm厚的皮，撒上馇粉，然后用面杖将面卷起，适当地把面压薄。接着将卷起的面片抖开，撒上馇粉，再次用面杖卷起压薄。经过反复地卷、压，最后用单手棍把面皮擀薄擀匀至厚约0.2cm即可。

③ 制皮。将面片折叠后切成边约为8cm的面皮，即馄饨皮。

④ 包馅。左手持馄饨皮，右手将5g鲜肉馅放在馄饨皮前角端。随即将馅连同馅挑顺势向下卷，卷至一半时，退出馅挑，用馅挑头在馄饨皮的右角边涂一下，然后将右角与左角捏在一起，便制成馄饨生坯。

⑤ 水煮。锅内加水烧开，将馄饨生坯加入沸水中，边下馄饨边用手勺推水，使馄饨浮起。在锅的四周点一些冷水，盖上锅盖略煮。水再烧开时，即可捞出盛入碗内，每碗一般放15个馄饨。

⑥ 加汤。把清汤烧开，放入盐、酱油、胡椒粉、紫菜、虾皮、味精、香油、香菜等调料，然后盛入馄饨碗内。

（3）成品特点：

馄饨汤汁清澈，质地滑爽，口味鲜醇。

（4）注意事项：

① 操作时注意卫生。

② 面团软硬要适宜，皮坯厚薄要均匀一致。

③ 馅心适量，不可过多，以防漏馅。

④ 在煮制过程中，点冷水时水不能浇在馄饨上。

【我的实训总结】：＿＿＿＿＿＿＿＿＿＿＿＿＿＿＿＿＿＿＿＿

＿＿＿＿＿＿＿＿＿＿＿＿＿＿＿＿＿＿＿＿＿＿＿＿＿＿＿＿＿＿

＿＿＿＿＿＿＿＿＿＿＿＿＿＿＿＿＿＿＿＿＿＿＿＿＿＿＿＿＿＿

技能训练4——抻面

（1）原料准备：

精粉 500g，盐 5g，碱 2 ～ 3g。

（2）制作过程：

① 调制面团。将面粉置于案板上，中间扒开一个凹坑，加入盐、碱和适量水，和成面穗儿，再加水，将面和成柔软、滋润的面块，反复捣揉，至面团松软有韧性，醒面 10 分钟。

② 溜条。取醒好的面团，在案板上甩成长条，双手分别握住长条的两端，抖动把面抻长，左右手交替使面搅在一起，直到面光滑、均匀，静止时自然向下垂落即可出条。

③ 出条。在案板上均匀撒上饽粉，把溜好条的面置于案板上搓光、搓匀，用两只手握住两端，双臂自然向两侧抻开，随即将两头向怀中收拢。右手把剂头交到左手，呈等腰三角形，用右手中指钩住三角形底边中点，用力向外抻拉，如此反复抻拉 6 次，待面条至竹帘粗细时下锅。

④ 水煮。煮熟捞出配酱卤或鲜汤食用。

▲ 抻面——溜条 1

▲ 抻面——溜条 2

▲ 抻面——出条 1

▲ 抻面——出条 2

（3）成品特点：

抻面柔软筋道，滑爽可口。也可以拉成龙须面，用油炸制，用于制作糖醋鲤鱼焙面，或制作一些面点造型。

▲ 糖醋鲤鱼焙面

（4）注意事项：

① 掌握好面团软硬度及盐、碱用量。

② 溜条要均匀光滑，方可出条。

③ 出条时，两手用力要均匀。

【我的实训总结】：＿＿＿＿＿＿＿＿＿＿＿＿＿＿＿＿＿＿＿＿＿

＿＿＿＿＿＿＿＿＿＿＿＿＿＿＿＿＿＿＿＿＿＿＿＿＿＿＿＿＿＿＿

＿＿＿＿＿＿＿＿＿＿＿＿＿＿＿＿＿＿＿＿＿＿＿＿＿＿＿＿＿＿＿

技能训练5——刀削面

（1）原料准备：

面粉 2500g，炸酱 500g，小油菜 500g，香菜 150g。

（2）制作过程：

① 调制面团。将面粉加入约 800g 冷水，和成稍硬的冷水面团，盖上湿布醒面 20 分钟。

② 焯菜。将小油菜洗净，放入沸水锅中焯熟后放凉待用。

③ 削面。将和好的面团揉成长 30cm、宽 8 ~ 12cm 的圆柱状面块，放在抹了水的削面板上，压紧，用手把四角压牢。左手托住削面板的下端，将削面板的上端搭在左上臂或肩膀上。右手执瓦形削面刀，由里向外削成长 20cm、宽 2cm 略带弧形的面条（也可以削成 1cm 宽的柳叶条），使其连续地落入沸水锅中。

▲ 刀削面——削面 1

▲ 刀削面——削面 2

④ 出锅。面条煮熟后，捞入碗中，放上熟小油菜，浇上炸酱，撒少许香菜即可食用。

（3）成品特点：

刀削面光滑筋道，滋味鲜美。

（4）注意事项：

① 面团要硬实，否则不利于成形。

② 削面时，削面刀要紧贴面团，削出的面条要长短一致，厚薄均匀。

【我的实训总结】：_____

_____

_____

 技能训练6——羊肉烩面

（1）原料准备：

面粉 5000g，羊肉 1250g，香油 375g，粉丝 1500g，木耳 50g，黄花菜 125g，熟鹌鹑蛋 500g，小茴香 80g，香料各少许，酱油 250g，辣椒油 150g，熟羊油 100g，盐 75g，香菜 1000g，碱面少许，味精 40g，油 150g。

（2）制作过程：

① 调制面团。将面粉置于案板上，中间扒开一个凹坑，用约 2500g 冷水将盐和碱化开，倒入面粉中和成较硬的面团。

② 下剂、制面片。将面团下成每个重 150g 的剂子，搓成圆条，擀成长 25cm、宽 8cm 的面片，在面片中间压一个凹槽。将制好的面片抹油后整齐地码在盘子内待用。

③ 煮肉、菜等。将羊肉剔骨后放入汤锅，放入各种调料，待快沸时撇去浮沫，用小火慢炖至羊肉熟烂。将羊肉捞出，切成 2cm 的小方块。将粉丝放入沸水锅内煮一下，捞出用冷水冲凉。木耳、黄花菜洗净后用温水涨发，将木耳切成小片待用。

④ 水煮。锅内加入羊肉汤、木耳、黄花菜、粉丝及调料煮沸。将面片拉长，用手从中间凹槽处撕开，放入羊肉汤锅内煮熟。

⑤ 出锅。将煮好的面带汤盛入碗中，放一个熟鹌鹑蛋、少许香菜即可。食用时可以依个人口味加辣椒油同食。

（3）成品特点：

羊肉烩面筋道，汤鲜美，营养丰富。

（4）注意事项：

① 面团不可过软，否则影响口感。

② 羊肉要冷水下锅且撇去浮沫，汤汁才可使用。

【我的实训总结】：_____

_____

_____

（二）温水面团实训制品

 技能训练7——花色蒸饺

花色蒸饺的成形工艺在面点制作中具有一定的代表性。它属于温水面团，其制品通过包、捏、搓、钳、剪等成形手法，可以制作出 10 ~ 20 种造型。下面介绍常见的几种花色蒸饺的制作方法。

（1）原料准备：

温水面团 350g，鲜肉馅 250g，火腿末、蛋黄末、蛋白末、青菜末等适量。

（2）制作过程：

① 下剂。将面团下成 30 个剂子，用擀面杖擀成直径为 8cm 左右的圆形坯皮。

② 包馅。

四喜饺：将圆形坯皮挑上馅后，用左手托住，右手拇指与食指将两边坯皮捏到中间，转 90° 再对捏，形成 4 个孔洞。然后，将两个孔洞的一边与另一边孔洞的一边捏紧，形成 4 个大孔洞，中心有 4 个小孔洞。再将每个大孔洞角上捏尖，并在四个大孔洞内填满四色馅心，即制成四喜饺生坯。

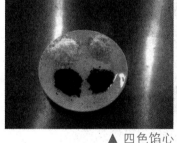
▲ 四色馅心

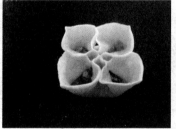
▲ 包馅

▲ 四喜饺生坯

冠顶饺：将圆形坯皮分成三等份，折成三角形，翻过来，放上馅心，将 3 条边各自对折捏在一起。捏紧后用拇指和食指推出双花边，然后将反面原来折起的部位翻过来，顶端放上红色蜜饯点缀，即制成冠顶饺生坯。

鸳鸯饺：将圆形坯皮上馅后，用拇指和食指将坯皮两边对称捏紧成两个相同的孔洞。然后转 90°，双

▲ 冠顶饺生坯

手同时将两个孔洞的边对捏，形成一个大孔洞套两个小孔洞的形状。在大孔洞边缘推捏出花边，在另外两个小孔洞中填上两色馅心装饰，即制成鸳鸯饺生坯。

青菜饺：取一小块绿色面团，擀开，中间放白色面团，擀成圆形坯皮。在纯绿色的一面上馅，均匀分成五等份捏紧成5条边，每条边用拇指和食指推出花纹成叶脉。将前一瓣菜叶的根部提上粘在后一瓣菜叶的边上，以此类推，成形后正好叶子是绿色的，下面菜帮部分是白色的，即制成青菜饺生坯。

▲ 鸳鸯饺生坯　　　　　　　　　　　　　▲ 青菜饺生坯

一品饺：一品饺又称三鲜饺。把圆形坯皮上馅并分成三等份后捏出向上拢起的3个孔洞，或在分成三等份后捏出3条边，顺时针捏到邻边上，形成3个孔洞，即制成一品饺生坯。

金鱼饺：将圆形坯皮上馅后，用拇指和食指将坯皮中间对折捏紧，推出花边做金鱼的背鳍。将稍多一点的一端展开，做金鱼的尾巴，将另一端平分成3份，捏成3个孔洞，做金鱼的眼睛和嘴，即制成金鱼饺生坯。

▲ 一品饺生坯　　　　　　　　　　　　　▲ 金鱼饺生坯

③ 蒸制。将生坯放入蒸笼中，用旺火足汽蒸7分钟左右，制品鼓起不黏手即可。

（3）成品特点：

花色蒸饺形态美观，造型逼真，色彩鲜明，规格一致，馅心居中，不漏馅。

（4）注意事项：

馅心不要外露，以免影响造型。

【我的实训总结】：＿＿＿＿＿＿＿＿＿＿＿＿＿＿＿＿＿＿＿＿＿＿＿＿

＿＿＿＿＿＿＿＿＿＿＿＿＿＿＿＿＿＿＿＿＿＿＿＿＿＿＿＿＿＿＿＿＿

＿＿＿＿＿＿＿＿＿＿＿＿＿＿＿＿＿＿＿＿＿＿＿＿＿＿＿＿＿＿＿＿＿

（三）热水面团实训制品

 技能训练8——鲜肉蒸饺

（1）原料准备：

面粉1000g，鲜肉馅1500g。

（2）制作过程：

① 调制面团。将面粉用约400g沸水拌和成雪花状，再淋入约100g冷水揉成团，摊开散去热气待用。

② 下剂、擀皮。将面团制成约10g的剂子，擀成直径约为8cm的圆形坯皮。

③ 包馅。将坯皮摊放在左手掌指间，加入15g鲜肉馅，将坯皮分成内四成、外六成，用右手的食指与拇指推捏出10～12个褶纹，即制成鲜肉蒸饺生坯。

④ 蒸制。将生坯放入蒸笼中，用旺火足汽蒸7分钟左右，制品鼓起不黏手即可。

（3）成品特点：

鲜肉蒸饺形似月牙，褶纹均匀清晰，皮质软滑，馅鲜嫩，卤汁多。

（4）注意事项：

① 烫面时要注意用水温度和用水量，烫粉要匀，散热要及时。

② 包馅时，边上不可以粘馅，以防止蒸时开裂。

③ 蒸制时间不能过长，否则皮会涨，影响形态和色泽。

【我的实训总结】：＿＿＿＿＿＿＿＿＿＿＿＿＿＿＿＿＿＿＿＿＿＿＿

＿＿＿＿＿＿＿＿＿＿＿＿＿＿＿＿＿＿＿＿＿＿＿＿＿＿＿＿＿＿＿＿＿

＿＿＿＿＿＿＿＿＿＿＿＿＿＿＿＿＿＿＿＿＿＿＿＿＿＿＿＿＿＿＿＿＿

技能训练9——三鲜锅贴

（1）原料准备：

面粉1000g，三鲜肉馅1500g。

（2）制作过程：

① 调制面团。将400g面粉用开水烫面，将约600g面粉和成冷水面团，然后揉在一起和成半烫面。

② 下剂。将面团制成80个剂子，擀成直径约为8cm左右的圆形坯皮。

③ 包馅。将坯皮摊放在左手掌指间，加入15g三鲜肉馅，然后用右手的食指与拇指推捏出10～12个褶纹，即制成三鲜锅贴生坯。

④ 油煎。平底锅烧热抹油，将锅贴生坯整齐排列摆入锅内，稍煎一会儿，加入适

量冷水。盖好锅盖焖制，待水快干时，再淋入少许油略煎。待饺底呈金黄色，按面皮软中有弹性即熟，用锅铲铲出装盘即可。

（3）成品特点：

三鲜锅贴饺底呈金黄色，脆香，面皮柔润，鲜香适口，别具风味。

（4）注意事项：

① 面团要揉匀、揉透。

② 在煎的过程中盖子要盖严，以防止水蒸气散失。

③ 煎制时要掌握好火候，要不停地转动平底锅，使锅贴受热均匀，防止焦煳。

【我的实训总结】：＿＿＿＿＿＿＿＿＿＿＿＿＿＿＿＿＿＿

＿＿＿＿＿＿＿＿＿＿＿＿＿＿＿＿＿＿＿＿＿＿＿＿＿＿＿

＿＿＿＿＿＿＿＿＿＿＿＿＿＿＿＿＿＿＿＿＿＿＿＿＿＿＿

 技能训练10——烧卖

（1）原料准备：

面粉 500g，猪肉 400g，冬笋丁 100g，盐 15g，生抽 30g，鲜虾仁 50g，姜末 10g，葱花 30g，味精 5g，高汤 100g，料酒、香油适量。

（2）制作过程：

① 调制面团、下剂。将面粉加入约 175g 的沸水拌和成雪花状，散尽热气，揉成较硬的面团，醒面 5 分钟后搓成条，制成约 15g 的剂子。

② 擀皮。将截面向上按扁，用橄榄杖擀成直径约为 8cm 的边薄、中间厚的荷叶边状圆形坯皮。

▲ 烧卖——擀皮

③ 制馅。将猪肉剁碎，加入姜末、盐、生抽、味精、料酒、高汤搅拌，再加入冬笋丁、鲜虾仁、葱花搅匀，最后加香油拌匀。

④ 包馅。左手托烧卖皮，右手用馅挑上馅，采用拢上法制成下圆、上如石榴花边的烧卖生坯。

⑤ 蒸制。将生坯上笼，旺火蒸 8 分钟后揭开笼盖，在烧卖上洒少许水（防止皮上的干粉生硬发白），再蒸 2 分钟即可。

（3）成品特点：

烧卖形状美观，皮软光滑，口味咸香。

（4）注意事项：

① 在烫制面粉时要烫均匀。

② 在擀制坯皮时要多撒饽粉。

③ 馅心要多，形态才能饱满。

【我的实训总结】：_____

_____

_____

 技能训练11——菜角、糖糕

（1）原料准备：

热水面团 500g，鸡蛋 4 个，韭菜 750g，过油豆腐 100g，粉条 250g，盐 15g，生抽 20g，五香粉 10g，料酒 15g，味精 5g，香油 10g，白糖 200g，油适量。

（2）制作过程：

① 下剂。将面团搓条，制出 20 个剂子。

② 包馅。

菜角：鸡蛋加少许盐打散，加油略炒，晾凉，用刀切成小粒。韭菜洗净切碎。粉条用水煮到用手可以掐断，捞出，用刀切一下。过油豆腐切成小粒。把上述几种原料混合搅拌均匀，加入盐、料酒、五香粉、生抽、味精和香油拌匀。将剂子擀成直径约为 10cm 的面皮。左手托面皮，右手上馅，包捏成月牙形，即制成菜角生坯。

糖糕：白糖加入少许面粉混匀做馅。把剂子用手捏成酒窝状，加入制好的糖馅，用右手的虎口收紧，双手拍压成小饼状，即制成糖糕生坯。

③ 油炸。

菜角：锅内加油，上火加热到五六成热，放入生坯炸制，用手勺轻轻推油，使菜角旋转。待菜角浮起，颜色呈金黄色即可。

糖糕：以四至五成热油温炸至浮起即可。

（3）成品特点：

菜角、糖糕色泽金黄，外皮香脆，馅心鲜嫩。

（4）注意事项：

炸制油温要控制在五六成热。

【我的实训总结】：_____

_____

_____

技能训练12——荷叶饼

（1）原料准备：

面粉 500g，油 100g。

（2）制作过程：

① 调制面团。将面粉倒在案板上，用约 250g 开水烫面，和成热水面团，放凉待用。

② 下剂。把面团搓条，下成每个约 12g 的剂子，按扁、刷上油，略撒饽粉，再用粉帚将饽粉扫下。

③ 擀圆饼。将两个剂子油面相对压在一起，用双手擀成直径约为 12cm 的圆饼。

④ 烙制。将平底锅加热，抹油。把擀好的圆饼烙成一面六七成有花时，翻个；待底面烙至七八成有花时，再翻个；用粉帚扫去饼上的饽面即熟。烙好后叠成月牙形装盘。

（3）成品特点：

荷叶饼饼薄如纸，柔软适口，花点均匀，大小厚薄均匀一致。荷叶饼常作为食用烤鸭、烤乳猪时的佐餐。

（4）注意事项：

① 烫面要烫匀烫透，面团要揉匀。

② 面饼要擀得薄而圆整。

③ 烙制时要掌握好火候。

【我的实训总结】：_____

_____

_____

? 想一想

在和制手擀面面团时加入的少量盐能起到什么作用？

? 做一做

学会制作手擀面以后，尝试制作炸酱面、西红柿打卤面。

任务三　膨松面团

 **任务目标**

技能目标

- 能利用生物膨松、化学膨松、物理膨松方法分别制作两种以上膨松类面点制品，要求动作熟练、制品美观、操作及卫生习惯规范。

知识目标

- 了解膨松面团调制的重要意义；
- 掌握3种膨松面团的调制方法；
- 掌握主要面团的特性及其形成原理。

任务学习

一、生物膨松面团

生物膨松面团即发酵面团，是在面粉中加入适量的发酵剂，用冷水或温水调制而成的面团。这种面团通过微生物和酶的催化作用，具有体积膨胀、充满气孔、饱满、富有弹性、暄软松滑的特点，行业上习惯称为发面、酵面，是饮食行业中面点制作较常用的面团之一。但因其技术复杂，影响发酵面团质量的因素很多，所以必须经过长期认真的操作实践，反复摸透它的特性，才能制出多种多样的色、香、味、形俱佳的发酵面团品种。

（一）发酵面团的种类和调制方法

发酵面团根据其所用发酵剂和调制方法的不同，大致可分为酵母发酵面团、面肥发酵面团、酒和酒酿发酵面团3种。

1. 酵母发酵面团

酵母发酵是指在面团中加入酵母进行发酵。常用的酵母是由酵母厂制作的液体鲜酵母、固体鲜酵母和活性干酵母（详见表4-1）。

表4-1　酵母的特点和用法

种　类	使用情况	含　水　量	特　点	发　酵　力
液体鲜酵母	可以随制随用	90%左右	酵母的培养溶液除去废渣后形成的乳状酵母	较均匀
固体鲜酵母	加入少量温水调成稀泥状	73%～75%	呈块状、淡黄色，有特殊的香味	强而均匀
活性干酵母	直接加入	8%～10%	色泽淡黄，具有清香味和鲜美滋味	效果更好

以上3种酵母的发酵速度快、时间短、使用方便，并能保留面团中的营养成分，是各大酒店、餐馆首选的发酵方式之一。

2. 面肥发酵面团

面肥又称老面、引子等。这是利用隔天的发酵面团所含的酵母菌催发新酵母的一种发酵方法，具体使用方法如下：将隔天所剩的发酵面团，加水调开后，放进面粉中揉和，使其发酵成新的发酵面团，如此周而复始地使用。其优点是成本低廉，在饮食业、食堂及民间用得较多；缺点是发酵力差、速度慢，还会产生酸味，必须加碱来中和才能使用。

一般情况下，面粉、水、面肥的比例约为1∶0.5∶0.05，具体情况应根据水温、季节、室温、空气湿度、发酵时间等因素灵活掌握。在用面肥发酵时，根据发酵程度和调制方法的不同，一般分为大酵面、嫩酵面、碰酵面、戗酵面、烫酵面等。

（1）大酵面：用面肥与水和成，经一次发足的面团。其面粉与面肥的比例为1∶0.1～1∶0.3，发酵时间依气温高低而灵活掌握，一般为3～5个小时，这种面团成品特别暄软、洁白、饱满，用途较广，如馒头、大包、花卷等品种。

（2）嫩酵面：没有发足的发酵面团。这种面团松软中带有韧性，而且具有一定的弹性和延展性。它的结构比较紧密，适合制作皮薄或者卤多馅软的品种，如小笼包、蟹黄包等。其调制方法和大酵面相同，只是发酵时间短，时间约是大酵面发酵时间的一半，既具有发酵面团的性质，又具有水调面团的韧性。

（3）碰酵面：又称抢酵面。这种面团的调制方法是在面肥加入面粉后，不需要发酵时间，随制随用，其用途与大酵面基本相同。这种面团制作可节约时间，从成品的质量上看，不如大酵面洁白、光亮。其面粉与面肥调制的比例为 2 ∶ 1 或 1 ∶ 1。

（4）戗酵面：在酵面中掺入饽粉揉搓成团的发酵面团。这种面团因其戗制的方式不同而各有特色。第一种方法：用兑好碱的大酵面，掺入 30% ~ 40% 的饽粉调制而成的面团，其成品的口感干硬、筋道、有咬劲，如戗面馒头、高桩馒头等。第二种方法：在面粉中掺入 50% 的饽粉调制而成的面团，待其发酵后再加入碱、糖制作，其成品柔软、香甜、表面开花，没有咬劲，如开花馒头、叉烧包等。

（5）烫酵面：将面粉用沸水拌和成雪花状，待稍冷却后再放入老酵面肥揉制而成的面团。因在调制时用沸水烫粉，因此其成品的色泽较暗。其成品软糯、爽口，较适宜制作煎、烤的品种，如黄桥烧饼、大饼、生煎包子等。在调制这种面团时，一般在和面缸里或其他盛器内进行，将沸水倒入，面与水的比例是 2 ∶ 1，用手将其拌成雪花状，稍凉后不停地揣、捣、揉，再加入面肥（面粉与面肥的比例为 10 ∶ 3）均匀地揣透即可。

3. 酒和酒酿发酵面团

在没有面肥的情况下，需要重新培养面肥。培养的方法很多，常见的有白酒（高粱酒）培养法和酒酿培养法（详见表 4-2）。

表4-2　面肥培养方法

培 养 方 法	配 方 比 例	培 养 时 间
白酒（高粱酒）培养法	500g面粉掺酒100 ~ 150g，掺水200 ~ 500g（夏季用凉水，春、秋季用温水，冬季用温热水）	夏季4个小时以上，春、秋季8个小时以上，冬季10个小时以上
酒酿培养法	500g面粉掺酒酿250g，掺水200 ~ 500g	夏季4个小时以上，冬季10个小时以上

酒和酒酿发酵面团具有独特的酒香味，且营养丰富，特别是在米类发酵品种中使用较多。

（二）发酵面团的形成原理

酵母菌是一种单细胞微生物，其种类很多。用于面团发酵的酵母菌，属于啤酒酵母菌的一种。这种酵母菌的特点是，在适当的条件下，菌体繁殖较快，发酵性能稳定可靠，很适合调制发酵面团。这种酵母菌在含糖的液体内能迅速繁殖，产生出一种复杂的有机化合物——酶（又称菌素），它能促使单糖分子分解成为乙醇和二氧化碳，同时产生热量。

经过发酵的面团与未经发酵的面团比较，有不少差别。发酵后的面团比较疏松、体积膨大，有酸味和酒香，也有一定的热量，该热量主要是由面团内加入酵母菌后引起复杂变化产生的，主要表现在以下3个方面。

1. 淀粉酶的分解作用

将面粉掺水调制成面团后，面粉中淀粉所含的淀粉酶在适当的条件下，活性增强，先把部分淀粉分解成麦芽糖，进而分解成葡萄糖（单糖），为酵母的繁殖和分泌"酵素"提供了养分。如果没有淀粉酶的作用，淀粉不能分解为单糖，酵母是不会繁殖和发酵的。淀粉酶的分解作用是酵母发酵的重要条件。

2. 酵母繁殖和分泌"酵素"

酵母在面团中获得养分后，就大量繁殖和分泌"酵素"。它们基本上是同时进行的，但因面团内气体成分和含量不同，生化变化也不相同，一方面是酵母菌在有氧条件下（面团刚刚和成，面团内吸收了大量的氧气），利用淀粉水解所产生的糖类进行繁殖，产生大量二氧化碳并大多积存在面团内部。随着发酵作用的继续进行，二氧化碳量也逐步增加，使面团体积膨胀，越发越大；另一方面是酵母菌在繁殖过程中分泌出更多的酶，使糖类分解为供应自体繁殖的养分，并在缺氧的情况下进行酒精发酵。当面团发酵到一定程度时，面团内氧气逐渐耗尽，酵母菌在无氧的条件下，将葡萄糖转变成二氧化碳、酒精并释放出一定的热量。这个过程就是静置发酵的过程，酵母菌繁殖的同时也是一个释放热量的过程。上面两种变化可以说明，发酵后期的面团带有一定酒香味并发热，发酵时间越长，面团中的热气就越多，面团就会逐渐变软。

3. 杂菌繁殖和酸碱中和

由于酵母发酵是纯菌发酵，发酵力大，发酵时间短，杂菌不容易繁殖，一般不产生酸味，不用加碱中和（如果发酵时间过长，也会产生一定的酸味）。但如果用面肥发酵，面肥内除了酵母菌外，还含有杂菌（醋酸菌等），在发酵过程中，杂菌也随之繁殖和分泌氧化酶，把酵母发酵生成的酒精分解为醋酸和水。发酵时间越长，杂菌繁殖越多，氧化酶的作用越大，面团内的酸味就越重，这就是面肥发酵出现酸味的道理。

由此可见，用面肥发酵产生酸味是不可避免的，因此必须运用酸碱中和的原理在面团中加碱去掉酸味。由此看来，加碱起着双重作用：一是去酸，二是辅助发酵，产生的气体可使面团继续松发。从营养的角度来看，加碱会破坏一些维生素；但从整体上看，加碱仍有较大的实用价值。

（三）发酵面团调制的操作要领

1. 了解面粉的质量

（1）了解面粉中蛋白质的含量及其特性。目前，市场销售的面粉大体可以分为高筋粉（蛋白质含量较高，筋力较大的硬质粉）、低筋粉（蛋白质含量较低，筋力较小的软质粉）和中筋粉（蛋白质比例较均衡的中质粉）。应根据不同制品的需要采用不同的粉类。为了达到理想的发酵效果，用硬质粉发酵时可适当提高水温，降低筋力，以利于气体生成；软质粉在发酵时需降低水温，加盐，以增加筋力，提高面团保持气体的能力。

（2）了解面粉中淀粉和淀粉酶的质量。酵母的繁殖需要淀粉酶将淀粉转化成单糖。若面粉已变质或已经高温处理，淀粉酶的转化能力受到破坏，就会直接影响到酵母的繁殖，抑制酵母发酵产生气体的能力。

2. 熟悉发酵面团的性能

（1）熟悉酵种的发酵能力。酵种的发酵能力直接影响着面团的发酵。若酵种的发酵能力强，则面团发酵速度快；若酵种的发酵能力弱，则面团发酵速度慢。前文已提到用于发酵的酵母菌通常有液体鲜酵母、固体鲜酵母和活性干酵母三种。前两者的发酵能力较强。

（2）熟悉酵种中的酵母含量。酵母含量对面团发酵的速度、时间有很大影响。一般同一种面团，酵母多，则发酵速度快，发酵时间缩短；酵母少，则发酵速度慢，发酵时间延长。以活性干酵母为例，一般用量为面粉的2%左右。

3. 适当掌握掺水量

掺水量不同，形成面团的软硬程度也会不同。面团的软硬程度与面团产生气体和保持气体的能力有着密切的关系。面团软，则发酵速度快、发酵时间短，发酵时易产生二氧化碳，但气体易散失；面团硬，有抗二氧化碳气体的性能，则发酵速度慢、发酵时间长，但面筋网络紧密，保持气体的能力良好。掺水量应根据面粉的质量、性能，成品的要求，气温的高低等因素来确定，面粉与水的比例约为2:1。还得考虑以下因素。

（1）面粉的吸水性。面粉的吸水性取决于面粉中蛋白质的质量与含量、淀粉颗粒的粗细程度、面粉中的含水量，以及面粉的新鲜度等因素。例如：特制粉中的蛋白质含量高，粉粒细腻，颜色白净，具有良好的吸水性，掺水量可大些；而标准粉的掺水量则可相对小些。新鲜的面粉或面粉水分大，掺水量可以小些。

（2）空气的温度和湿度。天气潮湿，气温高，掺水量应小些；天气干燥，气温低，掺水量可大些。

（3）面团中是否添加糖、油、蛋等辅料。由于糖、油、蛋类本身就会成为液体，而且糖、油能抑制面团中面筋网络的形成，影响面粉的吸水能力，所以掺水量就应减小。

4. 适当控制温度

温度是影响酵母菌生长繁殖、分解有机物的主要因素之一。这是因为在不同的温度下，酵母菌的活动能力也不相同。

例如：0℃以下，酵母菌没有活动能力；0～30℃，酵母菌活动能力随温度升高不断增强；30～38℃，酵母菌活动能力强，繁殖速度快；38～60℃，酵母菌活力随温度升高而降低；60℃以上，酵母菌死亡，彻底丧失生长繁殖能力。由此可见，环境温度在30℃（水温适宜）时，酵母菌繁殖速度快。另外，面团或半成品在醒发时也应在30℃的温度下，以保证在较短时间内较大限度地膨胀。

5. 合理安排发酵时间

一般情况下，发酵时间越长，产生的气体越多。但若时间过长，产生的酸味越大，面团的弹性也越差，制出的成品坍塌不成形；若发酵时间短，则产生的气体少，面团发酵不足，制出的成品色泽差，不够暄软。因此，时间的掌握是非常重要的，要根据制品的要求灵活掌握。

6. 正确施碱

施碱是发酵面团调制的关键技术之一。施碱有两个作用：一是中和面团中产生的酸味；二是具有一定的膨松作用，使面团更松、更白。

施碱技术比较复杂，如果用碱不当，会直接影响制品的质量。碱轻则味酸，影响口味和色泽；碱重虽然排除了酸味，但成品色泽发黄，味苦而涩，还会刺激胃黏膜，影响消化和吸收，降低制品的营养价值。所以，施碱量必须适当、正确，不能机械地规定其数量，而应根据发酵程度、酵母数量、成品要求灵活掌握。

（1）恰当掌握碱水的浓度及制法。施碱的关键在于碱量，必须弄清碱水的浓度。目前使用的碱有碱面、碱块、碱水3种，化碱时碱水的浓度为40%左右。人工检测法：取一小块酵面头放进碱水内，能慢慢浮起为正好，如下沉，则表示浓度不足；如快速浮起，则表示浓度已超40%。施碱比例为500g碱块加水250～300g。

（2）正确掌握施碱量。施碱量要根据酵母量、老嫩程度、气温高低、发酵时间、面肥使用量、碱水的浓度及制品的要求等灵活掌握。施碱量是保证酵面制品质量的关键。有句行话："天冷不易走碱，天热容易跑碱。"施碱多时为重碱（其制品颜色发黄、味道苦涩、维生素损失多）；施碱少时为欠碱（制品色泽无光、呆板发硬，吃口不爽）。施碱量得当时为正碱，只有正碱才能体现酵面制品的特色。

（3）掌握施碱方法。一般是将溶化好的碱水直接倒入酵面中，反复揉搓，使碱水迅速而均匀地渗入发酵面团。

（4）掌握检验施碱程度的常用方法。对酵面加碱后，检验施碱程度一般采用感官检验法，常用的方法有嗅、看、听、尝、抓、烤、烙等。

（四）发酵面团实训制品

技能训练13——提褶中包

提褶中包是一种大众化品种，全国各地均有制作，常用于早餐、茶楼、宴席供应点心。因其制作难度较大，近年来被定为全国职业院校技能大赛中职组面点比赛规定品种。

（1）原料准备：

面粉500g，酵母10g，白糖30g，泡打粉5g，鲜肉200g，葱花20g，姜末10g，盐5g，味精3g，生抽3g，胡椒粉3g，麻油5g。

（2）制作过程：

① 制馅。将鲜肉切条放入绞肉机内绞两遍成肉泥，置于馅盘内，加入盐、姜末、味精、生抽用力擦搅至肉泥呈胶质状。分几次倒入适量的水，朝一个方向搅打，将肉泥搅打成冻胶状的稠肉酱后放入葱花，再把余下的调味料放入，拌匀即可。把制好的馅心放入冰箱或冰柜内冷冻半小时。

② 调制面团。将500g面粉与5g泡打粉混合过筛，扒开一个凹坑，将酵母、白糖放入坑内，加水搅溶，再调制面团，静置醒发15分钟后，揉至光滑软熟。

③ 制皮。将面团搓成长条，揪剂25个，逐个擀成中间稍厚、周边稍薄的圆形皮坯。

④ 包馅。左手托坯皮，右手挑入馅心；右手拇指及食指提捏少许坯皮边沿，顺势向左前方提拉，成一个褶后用右手拇指、食指、中指夹住，再用拇指、食指照上法继续提拉，直至坯皮周边全部提褶完毕即成生坯。

▲ 提褶中包——包馅1

▲ 提褶中包——包馅2

▲ 提褶中包——包馅3

▲ 提褶中包——包馅4

⑤ 醒发蒸制。将生坯静置醒发10分钟后，放入蒸笼用旺火足汽蒸15分钟。

▲ 提褶中包——醒发蒸制

▲ 提褶中包

（3）成品特点：

提褶中包色泽洁白，膨松柔软，纹路清晰均匀，形状圆润饱满，收口小而均匀，无漏馅流油现象，大小一致，馅心鲜嫩多汁。

（4）注意事项：

① 面坯要柔软些。

② 成形时，左手托坯皮要顺着右手提捏进度，用无名指、小拇指配合送坯皮；右手指提拉幅度一致，捏坯皮时手指用力均匀，拇指适当前移；双手动作协调，配合得当，方法正确。

③ 收口要小而圆。

④ 控制醒发时间，醒发不能过度，否则成熟后，表面褶子不清晰。

【我的实训总结】：_____

_____

_____

二、化学膨松面团

化学膨松面团是指将适当的化学膨松剂加入面粉中调制而成的面团。它利用化学膨松剂发生的化学变化，产生气体，使面团疏松膨胀。这种面团的成品具有膨松、酥脆的特点，一般使用糖、油、蛋等辅助原料调制而成，其主要品种有油条、棉花包等。

从其成品的特点来看，化学膨松面团的膨松程度不如发酵面团，但由于发酵面团中多糖、多油，会限制酵母菌繁殖。糖多，酵母菌不仅不能生长繁殖，而且由于糖的渗透作用会使酵母菌细胞质与细胞液分离，从而失去活性；油多，会使酵母菌细胞表面形成一层油膜，隔绝其与水及其他物质的接触，酵母菌吸收不到养料，不能继续生长繁殖，就会限制面团的膨松度。在这种情况下，用化学膨松剂可以弥补酵面的不足。

目前常用的化学膨松剂有两类：一类属于发粉，包括小苏打（碳酸氢钠）、臭粉（碳酸氢铵或阿摩尼亚）、发酵粉、泡打粉等；另一类是明矾（硫酸铝钾）、碱（碳酸钠）、盐等。

（一）化学膨松面团的调制方法

1. 发粉面团调制方法

将面粉扒开一个凹坑，放入油、蛋、糖等辅助原料，揉搓均匀，再加入发粉与剩余的面粉一起揉搓至发粉溶化，再和成面团。为了使发粉均匀分布在面团中，也可使其与面粉一起过筛，这样成品不易出现黄斑。

2. 明矾、碱、盐面团调制方法

将明矾、碱、盐分别碾细，按比例配在一起，搅拌均匀，加水溶化搅起"矾花"后，放入面粉中立即搅拌，揉和揣成面团，然后双手握拳按次序揣捣。边捣边叠，反复四五次，每捣一次要醒一段时间，最后把叠好的面团翻个，抹上一层油，盖上湿布醒面，醒好后倒在抹过油的案板上。这样制出的成品特别松脆，但是营养成分已经被破坏。

（二）化学膨松面团的形成原理

化学膨松是利用某些化学物质在面团调制和加热时发生化学反应，来达到使面团膨松的目的。面团内掺入的化学膨松剂经调制后，在加热时受热分解，可以产生大量的气体，这些气体和酵面产生气体的作用一样，也可以使成品内部形成均匀的多孔性组织，达到膨大、酥松的目的，这就是化学膨松的基本原理。

（三）化学膨松面团调制的操作要领

由于各种化学膨松剂的成分各不相同，所以在不同的面团中加入不同的膨松剂，其膨松程度也有所不同，因此在制作面点时，采用的化学膨松剂的种类及其用量，都会影响膨松效果，并直接影响制品的质量。

1. 正确选择化学膨松剂

应根据制品种类的要求、面团性质和化学膨松剂自身的特点，选择合适的膨松剂。例如：小苏打适合高温烘烤的糕饼类制品，如桃酥、甘露酥等，也适合制作面肥发酵面团品种。臭粉比较适合制作薄形糕饼，因其加热后产生的氨气气味难闻，薄形糕饼面积大，膨松剂用量小，气味易挥发，制好的成品应在冷却后再食用。制作油条等炸制食品可选用膨松剂明矾、碱、盐。

2. 正确掌握调制方法

在使用明矾、碱、盐时应用冷水将其化开，放入面团中。在使用小苏打、臭粉、泡打粉时，因其遇水易产生气体而直接挥发，故应与粉料充分混合均匀后才可调制面团。另外，加入化学膨松剂的面团必须揉匀、揉透，否则成熟后，制品外表会出现黄斑，影响口味。

3.严格控制化学膨松剂的用量

目前常用的化学膨松剂的效力很强，在操作时应掌握好用量，用得多，面团苦涩；用量不足，则成品不膨松，影响制品的质量。化学膨松剂的用量如表4-3所示。

表4-3 化学膨松剂的用量表

种 类	用量占面粉的比重
小苏打	1% ~ 2%
臭粉	0.5% ~ 1%
明矾、碱、盐	2.5%
泡打粉	1% ~ 3%

一般而言，在夏季，化学膨松剂的用量可以增加一些，因为天热，面团中的化学膨松剂易挥发；而在冬季，可适当降低化学膨松剂的用量。总之，只有掌握好用量和比例，才能保证面团膨松，成品达到标准。

（四）化学膨松面团实训制品

 技能训练14——麻花

（1）原料准备：

面粉200g，白糖25g，生油20g，鸡蛋1个，小苏打2g，炸油500g。

（2）制作过程：

① 调制面团。将面粉倒在案板上，中间扒开一个凹坑，将生油、小苏打、白糖、鸡蛋、适量的水混合均匀后加水溶化，再调成面团（光滑稍硬），揉至不黏手后醒发10分钟。

② 切条。将醒好的面团擀成约0.2cm厚的面片，切成约1cm宽、6cm长的面条，逐根搓成比筷子略粗的条，两端合拢扭起劲，将条头从另一端的环内穿出，稍露梢头即成生坯。

▲ 麻花——切条1　　　　　　　　　▲ 麻花——切条2

③ 油炸。电炸锅，油温定在180℃；家庭制作可使用普通锅，油温控制在八成热。将麻花生坯下锅炸制，注意保持小火微滚，慢慢炸成金黄色，外表坚硬时方可出锅。

▲ 麻花——油炸

▲ 麻花

（3）成品特点：

麻花色泽深黄或金黄，长短一致，口感硬脆香甜。

（4）注意事项：

面团不宜太软，否则不易成形；碱与明矾要分开溶化后再混合；炸制时油温不可过高，否则会外焦里不熟。

【我的实训总结】：＿＿＿＿＿＿＿＿＿＿＿＿＿＿＿＿＿＿＿＿＿＿＿＿＿

＿＿＿＿＿＿＿＿＿＿＿＿＿＿＿＿＿＿＿＿＿＿＿＿＿＿＿＿＿＿＿＿＿＿＿

＿＿＿＿＿＿＿＿＿＿＿＿＿＿＿＿＿＿＿＿＿＿＿＿＿＿＿＿＿＿＿＿＿＿＿

技能训练15——油条

（1）原料准备：

面粉250g，白糖3g，安琪无铝油条膨松剂8g，盐5g，炸油2500g。

（2）制作过程：

① 调制面团。将面粉、白糖、盐和膨松剂倒入盆中，加入140～150g水抄拌均匀，在用手和面的过程中再放入适量的水，轧制成柔软细腻、有筋力的面坯，薄薄地刷上一层油，醒20分钟。将面坯再轧一遍后放在刷好油的盘上，盖上油布，醒40分钟。

② 切条。从醒好的面坯上切下一条，用手边拉边按成厚约为0.7cm、宽约为7cm的长条，抹上一层油后用刀剁成1cm左右的小条，然后将两个小条叠在一起，双手提起，拉成约30cm长的条。

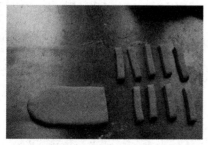

▲ 油条——切条1

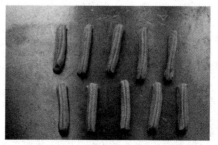

▲ 油条——切条2

③ 油炸。将长条放入220℃的油锅中炸至膨松起发、呈浅棕红色即可。

▲ 油条

（3）成品特点：

油条外形美观，色泽浅棕红，口感酥脆，膨松起发。

（4）注意事项：

面团不能太硬，醒发要有足够的时间，下条要均匀一致，炸制时要不断翻转。

【我的实训总结】：_____

_____

_____

三、物理膨松面团

物理膨松面团又称蛋泡面团、蛋糊面团。它利用机械力的充气方式和面团内的热膨胀原理（水分因高温而汽化），在加热熟化过程中使制品保持充气。一般多用来制作蛋糕、泡芙等面点，其特点是制品营养丰富，疏松柔软适口，易被人体消化吸收。

（一）物理膨松面团的调制

1. 蛋糕面团的调制

取干净的打蛋桶，加入鸡蛋、白糖，用机械或人工方式将蛋液顺着一个方向迅速抽打，待蛋液颜色发白、体积增大2倍、呈浓稠的糊状时，将过筛的面粉轻轻地掺入拌匀即可。鸡蛋、面粉、白糖的比例为2∶1∶1。具体比例可根据品种确定，鸡蛋比例大，成品柔软性好；面粉比例大，成品硬实；糖则起到提高蛋液黏稠度、调味和改善成品色泽的作用。

2. 泡芙面团的调制

制作泡芙面团的主要原料有面粉、植物油（或猪油）、鸡蛋（三者比例为2∶1∶3）、适量水和少许盐。

泡芙面团的调制方法如下。

（1）烫面。将水、油和盐倒入锅中，用大火煮到沸腾，取长木棍将煮沸的水、油迅速搅拌均匀。如是固体油脂，须待浮在表面的油块全部溶化，再将面粉直接倒入沸腾的油水中，快速搅动，使油水和面粉拌匀，直到面粉完全胶化，面团烫熟。然后，将面糊倒在案板上或搅拌机内冷却至 60 ～ 65℃。

（2）搅糊。将蛋液慢慢分次加入面粉糊中，在每次加入的蛋液都已与面糊搅拌均匀后再加入新的蛋液。检验面糊稠度的方法——用刮板将面糊挑起，面糊缓缓地下流，流得过快说明糊稀；流得过慢说明糊稠，应添加蛋液。如果面糊留在刮板上的痕迹是三角形薄片，则说明糊的稠度恰到好处。

注意事项：面粉要过筛，以免出现面疙瘩；面团要烫熟烫透，以免出现煳底现象；每次加入蛋液后，都要将面糊搅拌均匀并上劲，以免起砂影响质量；面糊的稀稠要适当，以免影响制品的起发度及外形美观度。

（二）物理膨松面团的基本原理

物理膨松面团的基本原理是以充气的方法，使空气存于面团中，通过充气和加热，使面团体积膨大、组织疏松。用作膨松充气的原料必须是胶状物质或黏稠物，具有包含气体并使之不溢出的特性，常用的原料有鸡蛋和油脂。以鸡蛋制品为例，蛋白有良好的起泡性能，通过一个方向的高速抽打，一方面打进许多空气，另一方面使蛋白质发生变化，其中球蛋白的表面张力被破坏，从而增加球蛋白的黏稠度，有利于打入的空气形成泡沫并被保持在内部。因蛋白胶体具有黏性，空气被稳定地保持在蛋泡内，在受热后膨胀，因而制品疏松多孔，柔软而有弹性。

（三）物理膨松面团调制的操作要领

1. 严格选料和用料

原料是面团实现膨松的关键条件之一，不具备良好的气体保持能力的原料，要达到理想的膨松效果是不可能的。例如，蛋糕面团的调制必须使用新鲜鸡蛋，而且越新鲜越好，因为新鲜鸡蛋的胶体稠、浓度大，含蛋白质多，灰分少，能打进的空气多，抽打后体积能增加 3 倍以上，且能保持气体性能稳定，蛋液容易打发膨胀。因而，存放时间久或散黄蛋均不宜使用。蛋糕面团对面粉的要求也较高，宜用粉质细腻而筋力不大的低筋粉，如使用筋力较大的面粉，加入时容易上劲而排出气体，就达不到成品膨松的效果。

2. 注意调制时的每个环节

用物理膨松法调制面团的关键是抽打蛋泡。具体做法：将鸡蛋磕入盆内（保证干净、无水、无油、无碱、无盐）后，用打蛋机顺着一个方向高速抽打，直至蛋液呈干厚浓稠的泡沫状，以能立住筷子为佳，然后加面粉拌和即成。

目前常采用蛋清、蛋黄分离搅拌的方法，加入一些添加剂，可使制品更膨松、更细腻，打出的面团更稳定，制品更松软适口。

（四）物理膨松面团实训制品

 技能训练16——全蛋海绵蛋糕

（1）原料准备：

鸡蛋5个，白糖100g，低筋粉150g，油15g。

（2）制作过程：

① 打发蛋液。将鸡蛋打入容器内加白糖、水、油，用打蛋机搅打蛋液，先低速后高速，打到蛋液发白、发松即可。

▲ 全蛋海绵蛋糕——打发蛋液1

▲ 全蛋海绵蛋糕——打发蛋液2

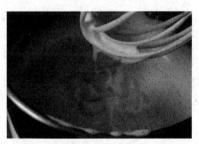
▲ 全蛋海绵蛋糕——打发蛋液3

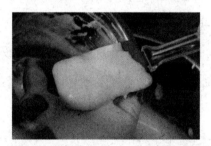
▲ 全蛋海绵蛋糕——打发蛋液4

② 调制蛋液面糊。在蛋液中加入低筋粉搅拌均匀，即成稀糊状的蛋液面糊，然后倒入已准备好的烘盘内，将蛋液面糊表面刮平。

▲ 全蛋海绵蛋糕——调制蛋液面糊1

▲ 全蛋海绵蛋糕——调制蛋液面糊2

▲ 全蛋海绵蛋糕——调制蛋液面糊3

③ 烤制。将烘盘放入180℃左右的烤箱内，烤到表面呈金黄色，手按一下有弹性，或用一根牙签插一下，如果不黏，表明已熟透。

▲全蛋海绵蛋糕

（3）成品特点：

全蛋海绵蛋糕绵松甜香，色泽鲜艳，表面金黄。

（4）注意事项：

① 掌握好各种原料的配比。

② 在搅打蛋液前，要确保打蛋桶内没有油脂，否则不易打发。

③ 掌握好烘烤时的上、下火温度。

【我的实训总结】：_____

_____

_____

技能训练17——戚风蛋糕

虽然戚风蛋糕是一种比较常见的蛋糕且用料也非常简单，但在制作过程中需要注意的事项比较多，稍不小心就会失败。不过只要掌握了戚风蛋糕的制作要点，一定可以烤出非常成功的戚风蛋糕。

（1）原料准备：

① 蛋黄部分：蛋黄5个，细砂糖25g，清油40g，盐1g。

② 蛋白部分：蛋白5个，细砂糖75g，塔塔粉2g。

③ 面粉部分： 低筋粉90g。

（2）制作过程：

① 打发蛋白混合液。将蛋白部分的原料混合，用打蛋机将蛋液打发至体积膨胀、发白即可。

▲ 戚风蛋糕——打发蛋白混合液1　　　　▲ 戚风蛋糕——打发蛋白混合液2

② 调制蛋液面糊。将蛋黄部分的原料加入约40g水混合拌匀。在蛋黄混合液中加入低筋粉搅拌均匀，即成稀糊状，然后把打发的蛋白混合液混合后倒入已准备好的烘盘内，将蛋液面糊表面刮平。

 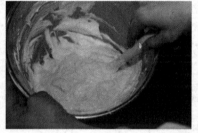 

▲ 戚风蛋糕——调制蛋液面糊1　　▲ 戚风蛋糕——调制蛋液面糊2　　▲ 戚风蛋糕——调制蛋液面糊3

③ 烤制。将烘盘放入180℃左右的烘烤炉内，烤40分钟，至表面呈金黄色，手按一下有弹性，或用一根牙签插一下，如果不黏，表明已熟透。

▲ 戚风蛋糕——烤制　　　　　　　　　　▲ 戚风蛋糕

（3）成品特点：

戚风蛋糕松软适口，色泽微黄。

（4）注意事项：

① 要注意，蛋清部分在搅打时器皿内部不能有水、油，要保持干净。

② 要掌握制作的先后顺序，以及面团的搅打方法。

【我的实训总结】：_____

_____

_____

 技能训练18——泡芙

（1）原料准备：

低筋面粉 100g，黄油 75g，鸡蛋 3 个（约 100g），白糖 10g，鲜奶油 100g，糖粉适量。

（2）制作过程：

① 调制面糊。将黄油、白糖混合，加入约 150g 水，加热至沸腾。倒入筛好的低筋面粉，同时小火加热，搅拌均匀至面糊不粘锅时，即可关火。将面糊醒发一会儿，稍冷却之后，分次将鸡蛋液倒入，每倒一次，一定要将面糊混合均匀。

▲ 泡芙——调制面糊 1

▲ 泡芙——调制面糊 2

▲ 泡芙——调制面糊 3

▲ 泡芙——调制面糊 4

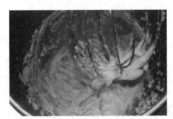
▲ 泡芙——调制面糊 5

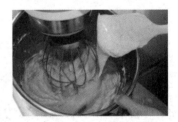
▲ 泡芙——调制面糊 6

② 成形。将混合后的面糊倒入裱花袋内，挤到烤盘上。

▲ 泡芙——成形 1

▲ 泡芙——成形 2

▲ 泡芙——成形 3

③ 烘烤。将烤盘放入烤箱，以190～200℃高温烘烤30～35分钟，直到泡芙表面呈金黄色，并且膨胀直挺为止，关火，继续焖5分钟后取出晾凉。

④ 挤入鲜奶油。在泡芙中间挤入打好的鲜奶油即可装盘（上面撒上糖粉后就像挂了一层霜）。

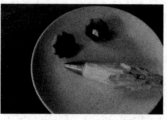

▲ 泡芙——烘烤　　　　▲ 泡芙——挤入鲜奶油　　　　▲ 泡芙

（3）成品特点：

泡芙表面金黄色，并且膨胀直挺。

（4）注意事项：

① 注意比例的配制。

② 注意制作时用料的先后次序。

③ 将鲜奶油装入裱花袋中，从泡芙底部挤入鲜奶油。

④ 烤泡芙的温度要适宜，太高会提早成熟，太低不利于膨胀。烤时不要开烤箱盖，否则将影响泡芙膨胀。

【我的实训总结】：_____

_____

_____

❓ 想一想

1. 简述3种膨松面团的操作要领。

2. 海绵蛋糕与戚风蛋糕的制作过程有何区别？

❓ 做一做

动手制作两种以上花式蒸卷及黄油蛋糕。

任务四　油酥面团

任务目标

任务学习

　　油酥面团是以油和面粉为主要原料调制而成的面团，其特点是膨松柔软、色泽美观、口味酥香、富有营养。油酥面团的制作工艺精细、独特。其常见的品种有黄桥烧饼、花式酥点、千层酥、广式月饼、杏仁酥等。油酥面团分为层酥面团和单酥面团两类。

一、层酥面团

　　层酥面团是由皮面和酥面两块面团组合制成的，其成品色泽洁白，外形美观，层次清晰，是酥松类制品的主要品种。按其制作特点不同，可分为包酥面团和擘酥面团两种。

　　（一）包酥面团的调制方法

　　包酥面团是由两块不同制法的面团互相配合擀制而成的面团。其中一块是干油酥（又称酥心），另一块是水油酥（又称坯皮或水油皮面）。水油酥通常分为水油面皮、酵面皮、蛋面皮3种。包酥面团制品的质地酥松、体积涨大、层次分明。

　　1. 干油酥的调制

　　（1）干油酥的性能和特点。干油酥松散软滑，丝毫没有韧性、弹性和延展性，但具有一定的可塑性和酥性。它虽然不能单独制成面点，但可与水油酥配合使用，使其层层间隔，互不粘连，成熟后体积膨松，形成层次。

　　（2）干油酥调制的工艺流程：下粉、掺油、拌匀、擦透成团。

（3）干油酥调制的操作要领。

① 反复搓擦。

② 掌握配料比例，面粉与油的比例为 2∶1。

③ 了解油脂性能。

④ 掌握干油酥的软硬度。

⑤ 正确选用面粉。

2. 水油酥的调制

（1）水油酥的性能和作用。水油酥既有水调面团的筋力、韧性和保持气体的能力，又有油酥面团的润滑性、柔顺性和酥松性。

（2）水油酥调制的工艺流程：下粉、掺油、拌匀、揉搓成团。

（3）水油酥调制的操作要领。

① 掌握配料比例，面粉、水、油的比例为 1∶0.4∶0.2。

② 反复揉搓。

③ 防干裂。

3. 包酥

包酥又称破酥、开酥、起酥，是指将干油酥包入水油酥，经反复擀薄叠起，形成层次，制成层酥的过程。

包酥方法有大包酥、小包酥等。

（1）大包酥。

① 和制水油酥面团。

▲ 大包酥——和制水油酥面团 1　　▲ 大包酥——和制水油酥面团 2　　▲ 大包酥——和制水油酥面团 3

② 和制干油酥面团。

▲ 大包酥——和制干油酥面团 1　　▲ 大包酥——和制干油酥面团 2　　▲ 大包酥——和制干油酥面团 3

③ 将水油酥面团擀成长方形。

▲ 大包酥——擀水油酥面团 1　　　　▲ 大包酥——擀水油酥面团 2

④ 将干油酥面团也擀成一个小长方形。

▲ 大包酥——擀干油酥面团

⑤ 用水油酥面团包裹干油酥面团。

▲ 大包酥——包裹 1　　　　▲ 大包酥——包裹 2

⑥ 擀开面团。

▲ 大包酥——擀制 1　　　　▲ 大包酥——擀制 2

（2）小包酥。

① 和制水油酥面团和干油酥面团的方法与和制大包酥相应面团的方法相同。

② 将两种面团分别制成小剂子。

▲ 小包酥——下剂1

▲ 小包酥——下剂2

③ 用水油酥面团包裹干油酥面团。

▲ 小包酥——包裹1

▲ 小包酥——包裹2

▲ 小包酥——包裹3

④ 将面团擀成椭圆形面皮。

⑤ 将椭圆形面皮卷起。

▲ 小包酥——擀皮

▲ 小包酥——卷面皮

⑥ 取一个剂子按扁，向内收四角，并擀开成形。

▲ 小包酥——成形1

▲ 小包酥——成形2

▲ 小包酥——成形3

（3）包酥的操作要领。

① 水油酥与干油酥的比例必须适当。

② 将干油酥包入水油酥中时，应注意面皮四周厚薄均匀。

③ 擀皮时，两手用力要适当。

④ 擀皮时，尽量少用生粉。

⑤ 擀皮时，速度要快，以防结皮。

⑥ 包酥后切成的坯皮应盖上湿抹布。

4.酥皮的种类

包酥后，经不同的切法、不同的制法，形成不同的酥皮。常见的酥皮有明酥、暗酥和半暗酥。

（1）明酥。明酥是大包酥或小包酥，凡是成品酥层外露，表面能看见非常整齐均匀的酥层，分为圆酥和直酥两种。

明酥的操作要领如下。

① 起酥要注意起得整齐，即在擀长方形薄片时，厚薄要一致，宜用卷的方法起酥，卷时要卷紧，不然在熟后易飞酥。

② 用刀切剂，下刀要利落，以防相互粘连，按皮时要按正。

③ 擀时从中间向外擀，用力要适当、均匀。

④ 包馅时将层次清晰的一面朝外。

（2）暗酥。暗酥就是在成品表面看不到层次，只能在外侧或剖面才能看到层次的酥皮制品。其品质要求：膨松，形态美观，酥层不断、清晰，不散不碎。

暗酥的制法分为卷酥法和叠酥法。

暗酥的操作要领如下。

① 起酥时，干油酥要均匀地分布在水油酥中，擀皮不要擀得过薄，卷时筒状的两端不要露酥。

② 起酥时可根据品种的需要采用卷酥或叠酥的方法。

③ 切剂时刀口要锋利，下刀要利落，防止粘连。

④ 多采用烘烤的方法。

（3）半暗酥。半暗酥是将酥皮卷成筒形后，制品需要用刀切成段，用手或擀面杖向 45° 按剂，制成半暗酥剂，用擀面杖将剂子擀成皮，包入馅心，包捏成形。

半暗酥的特点是酥层大部分藏在里面，熟后涨大性较暗酥制品大，适合制作果形的花色酥点。

半暗酥的操作要领如下。

① 宜采用卷酥法，酥层要求薄而均匀。

② 擀皮时中间稍厚，四周稍薄。

③ 包馅时，层次清晰且多的一面向外，层次较少的一面向里。

④ 多采用油炸或烘烤的方法。

5.包酥面团实训制品

 技能训练19——眉毛酥（圆酥）

（1）原料准备：

大包酥面团250g，枣泥馅150g，熟猪油1000g（实耗125g），豆沙馅适量。

（2）制作过程：

① 卷面团。取大包酥面团一份，刷上水。从一边卷起，卷成圆筒形。

▲ 眉毛酥（圆酥）——卷面团1　　▲ 眉毛酥（圆酥）——卷面团2　　▲ 眉毛酥（圆酥）——卷面团3

② 切坯皮。将卷好的面团用保鲜膜包好，放入冰箱冷冻至坚硬，再取出切成约0.6cm厚的圆形坯皮。

▲ 眉毛酥（圆酥）——切坯皮1　　　　　▲ 眉毛酥（圆酥）——切坯皮2

③ 包馅。将坯皮按扁，擀开，包入馅心，在坯皮边上捏出波浪花纹。

④ 油炸。将生坯放入三成热油锅，浸炸至酥层出现、浮起后，升温至五成热后炸至定形，即可捞出装盘。

▲ 眉毛酥（圆酥）——包馅　　　　　　▲ 眉毛酥（圆酥）

（3）成品特点：

眉毛酥（圆酥）色泽微黄，形似秀眉，层次分明，酥松香甜。

（4）注意事项：

① 掌握好水油面、油酥面的调制比例。

②掌握好炸制油温。

【我的实训总结】：_____

_____

_____

 技能训练20——红糖芝麻酥

（1）原料准备：

水油皮（中筋粉80g、水30g、猪油33g、糖粉6g），油酥面（低筋粉100g、猪油50g），红糖芝麻馅（红糖60g、熟黑芝麻35g、熟面粉20g、黄油20g），表面装饰（蛋黄液适量）。

（2）制作过程：

① 制馅。将熟黑芝麻用擀面杖压碎。将红糖、熟黑芝麻、熟面粉混合均匀，加入融化的黄油，拌匀备用。

▲ 红糖芝麻酥——制馅1

▲ 红糖芝麻酥——制馅2

▲ 红糖芝麻酥——制馅3

▲ 红糖芝麻酥——制馅4

② 包酥。包酥方法参看小包酥。

③ 包馅。将红糖芝麻馅放在皮中间，将皮四周向中间折起。利用左手虎口慢慢将皮向上收紧，右手托住，收好口后整理成圆形。

▲ 红糖芝麻酥——包馅1

▲ 红糖芝麻酥——包馅2

▲ 红糖芝麻酥——包馅 3

▲ 红糖芝麻酥——包馅 4

▲ 红糖芝麻酥——包馅 5

⑥ 烘烤。将制作好的红糖芝麻酥表面刷蛋黄液后放入预热好的烤箱（设置为面火 180℃、底火 180℃），烘烤 15 分钟即成。

▲ 红糖芝麻酥——包馅 6

▲ 红糖芝麻酥——烘烤

▲ 红糖芝麻酥

（3）成品特点：

红糖芝麻酥馅心香气浓郁，松酥可口。

（4）注意事项：

馅心适量，成形大小要一致。

【我的实训总结】：_____

_____

_____

_____

技能训练21——枣花酥

（1）原料准备：

水油皮（中筋面粉100g、细砂糖15g、水45g、全蛋液2小勺、猪油10g），油酥面（中筋面粉80g、猪油50g），枣泥馅（红枣500g、白砂糖150g、植物油80g、水适量），表面装饰（蛋黄、黑芝麻各适量）。

（2）制作过程：

① 包馅。制作小包酥，包入枣泥馅，用拢上法收口。

▲ 枣花酥——包馅 1

▲ 枣花酥——包馅 2

② 切口。将包好馅的面团按扁擀成圆形，用刀均匀地切上切口。

▲ 枣花酥——切口 1

▲ 枣花酥——切口 2

③ 成形。顺势将切口拧过来，让馅心露出。

▲ 枣花酥——成形 1

▲ 枣花酥——成形 2

④ 烤箱预热至 200℃，烤 15 分钟左右，至酥皮层次完全展开即可。

（3）成品特点：

枣花酥馅心香气浓郁，松酥可口。

（4）注意事项：

① 成形大小要一致。

② 控制好烤箱温度。

▲ 枣花酥

【我的实训总结】：

技能训练22——牛舌酥

（1）原料准备：

油酥（中筋面粉80g、猪油40g），水油皮（中筋面粉100g、温水45～50g、猪油25g、糖粉10g、奶粉10g、蜂蜜5g），白糖、芝麻馅、白芝麻、蛋黄液适量。

（2）制作过程：

① 包馅。制作小包酥，包入馅心，用拢上法收口。

▲ 牛舌酥——包馅1

▲ 牛舌酥——包馅2

② 将包好馅的面团擀成椭圆形，刷上蛋黄液。

▲ 牛舌酥——擀皮

▲ 牛舌酥——刷蛋黄液

③ 撒上白芝麻，烤箱预热至180℃，烤制25分钟即可。

▲ 牛舌酥——撒芝麻

▲ 牛舌酥

（3）成品特点：

牛舌酥形似牛舌，柔软多层，酥香适口。

（4）注意事项：

① 擀制时收口处向下。

② 注意烤制温度和时间。

【我的实训总结】： _____

_____

_____

（二）擘酥面团的调制方法

擘酥面团调制时由两块面团组成，一块是用凝结猪油加葱油或麦淇淋掺面粉调制而成的油酥面，另一块是用水、糖、蛋等与面粉调制的面团，通过叠酥手法制作而成。由于油较多，起酥膨松的程度比一般酥皮要高，因此成品特点是成形美观、层次分明、入口酥化。

1. 油酥面调制工艺流程

将冷却的熟猪油掺入面粉→搓揉→压形→冷冻油酥面。

具体做法：将猪油熬好，冷却凝结，掺入少量面粉（比例为 1 ： 0.3）搓匀擦透，压成板形，放入特制器皿内，加盖密封放到冰箱内，至油脂发硬，成为硬中带软的结实板块体即成。

2. 面团调制工艺流程

下粉→掺入蛋液、白糖、水→揉搓→冷冻水油皮。

具体做法：基本与调制水调面团相同，但加辅料较多，如鸡蛋、白糖等，一般用约 375g 面粉，加入两个鸡蛋、35g 白糖和 175g 清水拌和后，用力揉搓，揉至面团光滑上劲为止。将面团放入特制器皿内，和油酥面一起，置入冰箱冷冻，最好使之冻得与油酥面一样硬。

3. 开酥法

擘酥面团采用的是叠酥的方法，具体做法：把冻硬的油酥面取出，置于案板上，擀压，再取出面团，也压成和油酥面大小相同的扁块，放在油酥面上，对折擀成长方形，再进行折叠，将两端向中间折入，轻轻压平，折成四折，然后在第一次折的基础上，再擀成长方形，按以上方法重复 3 次后，将其轻轻放入箱内摆平，再放入冰箱冷冻约 30 分钟即成。

擘酥面团的操作要领：

（1）需要凝结的熟猪油、黄油或麦淇淋。

（2）面团和油酥面的软硬度一致，要有筋力且有韧性。

（3）操作时落槌要轻，开酥时手力要均匀。

（4）注意用料比例和冷冻时间的控制。

4.擘酥面团实训制品

 技能训练23——千层酥皮面团

（1）原料准备：

低筋粉 220g，高筋粉 30g，黄油 40g，细砂糖 5g，盐 1.5g，黄油 180g（裹入用）。

（2）制作过程：

① 调制面团。将低筋粉、高筋粉和细砂糖、盐混合，将 40g 黄油放于室温使其软化，加入面粉中。倒入水，揉成面团。水不要一次全部倒入，而应根据面团的软硬度酌情添加。揉成光滑的面团后用保鲜膜包好，放进冰箱冷藏 20 分钟。

▲ 千层酥皮面团——调制面团 1

▲ 千层酥皮面团——调制面团 2

② 处理黄油。将 180g 黄油（裹入用）切成小片，放入保鲜袋。用擀面杖把黄油压成厚薄均匀的大薄片。这时，黄油会有轻微软化，放入冰箱冷藏至重新变硬。

③ 包黄油。把黄油薄片放在长方形面片的一端。把面片的另一端向中间翻过来，盖在黄油薄片上，这样就把黄油薄片包裹在面片里了。把面片的一端压死，手沿着面片一端贴着面片向另一端移过去，把面片中的气泡从另一端赶出来，避免把气泡包在面片里。手移到另一端时，把另一端也压死。最后将面片旋转 90°。

▲ 千层酥皮面团——处理黄油 1

▲ 千层酥皮面团——处理黄油 2

▲ 千层酥皮面团——包黄油 1

▲ 千层酥皮面团——包黄油 2

④ 第一次擀制。用擀面杖将面片擀成长方形。擀的时候，由中心向 4 个角的方向擀，更易擀成规则的长方形，先将面片的一端向中心折过来，再将另一端也向中心翻折过来，再把折好的面片对折，这样就完成了第一轮的三折。

⑤ 第二次擀制。将折好的面片包上保鲜膜，放入冰箱冷藏 20 分钟。再将冷藏好的面片拿出来重复进行两次折叠、擀制。

▲ 千层酥皮面团——第一次擀制 1

▲ 千层酥皮面团——第一次擀制 2

▲ 千层酥皮面团——第二次擀制 1

▲ 千层酥皮面团——第二次擀制 2

▲ 千层酥皮面团——第二次擀制 3

▲ 千层酥皮面团——第二次擀制 4

⑥ 待面片擀开成厚度约为 0.3cm 的长方形，即制成一块千层酥皮。

（3）成品特点：

千层酥皮层次清晰、香味浓郁。

（4）注意事项：

① 注意面团的软硬度。

② 每次开酥都要放入冰箱冷冻。

【我的实训总结】：_____

_____

_____

技能训练24——蝴蝶酥

（1）原料准备：

千层酥皮一份，白砂糖适量。

（2）制作过程：

① 修整和撒糖。按照千层酥皮的制作方法做好千层酥皮，擀成0.3cm厚度以后，用刀切去不规整的边角，修成长方形。在千层酥皮上刷一层水，等千层酥皮表面产生黏性以后，在表面撒上一层白砂糖。

▲ 蝴蝶酥——修整和撒糖1　　　　　▲ 蝴蝶酥——修整和撒糖2

② 卷酥皮。沿着长边，把千层酥皮从两边向中心线卷起来。

▲ 蝴蝶酥——卷酥皮1　　　　　▲ 蝴蝶酥——卷酥皮2

③ 切片。切的时候小片会被压扁，用手轻捏，把它修复成扁平状，排入烤盘。

④ 烘烤。烤箱预热至200℃，烤箱上层，上下火，烤20分钟左右，至微金黄色即可。

▲ 蝴蝶酥——切片　　　　　　　▲ 蝴蝶酥

（3）成品特点：

蝴蝶酥形似蝴蝶，口感松脆香酥，香甜可口。

（4）注意事项：

烤盘应事先涂上一层黄油。

【我的实训总结】：_____

_____

_____

二、单酥面团

单酥面团是以面粉、油脂、蛋、糖等为主要原料调制而成的，其特点是制品松酥、香甜等，常见品种有广式月饼、开口笑、杏仁酥等。根据原料制作方法不同，单酥面团可分为浆皮类面团和混酥类面团两大类。

（一）浆皮类面团的调制

浆皮类面团是以面粉、砂糖、油脂为主要原料调制而成的，根据制品特点可分为砂糖浆面团和麦芽糖面团两种。

1. 砂糖浆面团的调制

砂糖浆面团是以面粉、砂糖、油脂为主要原料调制而成的。因调制时砂糖用量较多，故必须将砂糖制成砂糖浆才能使用。该面团具有良好的可塑性，成形时不酥不脆、柔软不裂，烘烤成熟时容易着色，制品存放两天后回油，口感更加油润、松酥。常见的砂糖浆面团制品有广式月饼等。

（1）砂糖浆调制方法。

原料：砂糖 500g，水 175 ~ 200g，柠檬酸 0.25 ~ 0.3g。

制法：先将水的 1/4 倒入锅中，放入砂糖加热后煮至沸腾，再将剩余的水逐渐加入，以防止砂糖液飞溅。煮沸后用文火煮约 30 分钟，煮至剩下的砂糖液约为 620g 时加入柠檬酸，搅拌均匀即可取出，再放入器皿中储存 15 ~ 20 天后取出使用。

（2）面团调制方法。

原料：富强粉 500g，砂糖浆 400 ~ 410g，花生油 120g，碱水 8 ~ 9g。

制法：将富强粉置于案板上，中间扒开一个凹坑，将砂糖浆和碱水混合后，放入花生油搅拌成乳状，再倒入富强粉内拌和揉制成面团。砂糖浆及面团的软硬应根据馅心的软硬灵活掌握。

2. 砂糖浆面团实训制品

 技能训练25——广式豆沙月饼

（参考分量：规格为 63g 的月饼 15 个）

（1）原料准备：

月饼皮［中筋粉 100g、转化糖浆 70g、花生油 25g、枧水（碱水）2g］，广式豆沙馅（红豆270g、细砂糖290g、花生油120g、熟面粉20g），蛋液（蛋黄1个、蛋清1大勺，调匀而成）。

▲ 广式豆沙月饼

（2）制作过程：

① 调制面团。将转化糖浆、花生油、枧水倒入碗里，用手动打蛋器搅拌均匀。将中筋粉过筛放入糖浆里，用刮刀拌匀制成面团。

② 分份。将皮和馅分成需要的份数。一般来说，皮和馅的比例为2∶8。举例来说，如果模具是50g，就将皮分成每份10g，馅每份40g。

③ 包馅。取一块皮在手心压扁，将馅放在皮上，用左手掌根部推月饼皮，并用手指不断转动皮和馅，使皮慢慢地包裹馅，包好后收口。

④ 成形。将包好的月饼生坯放入模具里，压出月饼的形状。

⑤ 烘烤。在月饼生坯表面喷一点儿水，放入预热好上下火190℃的烤箱，烤5分钟后取出，在表面上薄薄地刷一层蛋液，重新放入烤箱烤15分钟左右，至表面金黄即可出炉。

（3）成品特点：

广式豆沙月饼皮薄松软，色泽金黄，造型美观，口感香甜。

（4）注意事项：

① 刚拌好的面团很黏，最好将面团用保鲜膜包好，放到冰箱冷藏1个小时以上再使用。

② 要在月饼模具里放一些面粉，用手掌压住模具口晃动几下，使面粉均匀地撒在模具里。多余的面粉应倒出。

【我的实训总结】：_____

_____

_____

3.麦芽糖面团的调制

麦芽糖面团是以面粉、麦芽糖、糖粉为主要原料调制而成的，常见品种有鸡仔饼、炸肉酥等。

（二）混酥类面团的调制

混酥类面团是由面粉、油脂、糖、蛋或少量水混合调制而成的。在制作过程中投放原料的种类和比例应依据品种的需要而定。对混酥类面团一般都要加入化学膨松剂，以使成品酥松，如开口笑、甘露酥等。

 技能训练26——开口笑

（1）原料准备：

面粉 500g，花生油 1000g（实耗 200g），鸡蛋 50g（1 个），白糖 50g，饴糖 150g，芝麻仁 60g，小苏打 5g，调制面团油 25g。

（2）制作过程：

① 调制面团。称量好原料备用，将鸡蛋磕入盆中，加入小苏打、饴糖、白糖，准备调制面团。将调好的蛋液搅拌溶化后倒进面粉中，拌和均匀，揉搓成团。

▲ 开口笑——调制面团 1

▲ 开口笑——调制面团 2

▲ 开口笑——调制面团 3

▲ 开口笑——调制面团 4

② 下剂。将面团置于案板上，搓成粗长条，揪出每个约 40g 的剂子，揉成圆球状。

③ 成形。将芝麻仁用开水焖片刻，捞出，控水，放入容器，把做好的圆球形剂子放入，使之均匀粘上芝麻仁，即成开口笑的生坯。

④ 油炸。将生坯放入四成热油锅中炸制 10 分钟即成。

▲ 开口笑——下剂1

▲ 开口笑——下剂2

▲ 开口笑——成形

▲ 开口笑

（3）成品特点：

开口笑外脆内酥，香甜可口。

（4）注意事项：

① 不可揉搓，否则炸时不开口、不暄软、不美观。

② 炸制时，要控制好油温，否则会出现不开口现象。

【我的实训总结】：_____

_____

_____

技能训练27——桃酥

（1）原料准备：

低筋粉100g，细砂糖50g，花生油55g，鸡蛋液10g，核桃碎30g，泡打粉3g，小苏打2g。

（2）制作过程：

① 将花生油、打散的鸡蛋液、细砂糖在大碗中搅拌均匀。

② 将低筋粉和泡打粉、小苏打搅拌均匀，过筛。

③ 将核桃碎倒入低筋粉中，混合均匀。

④ 把低筋粉倒入第①步的花生油等的混合物中，叠

▲ 桃酥

成面团，取一小块面团搓成圆球状。

⑤ 将小圆球压扁，放入烤盘中。在其表面刷一层鸡蛋液，放入预热好的烤箱烤焙，烤至表面呈金黄色即可。

（3）成品特点：

桃酥清甜，松酥，入口即化。

（4）注意事项：

① 不可揉搓，应采用叠制法调制面团，否则面团易上劲，成品不酥松。

② 烤制温度应控制在 180℃，烤约 15 分钟。

【我的实训总结】：_____

_____

_____

三、油酥面团的形成原理

油酥面团之所以能使成品具有酥松、膨大、分层的特点，主要是因为在调制面团时使用了一定量的油脂。油脂是一种胶质物质，具有一定的黏性和表面张力。当油脂刚渗入面粉时，油脂和面粉的黏结只靠油脂的微弱黏性维持，故不太紧密，但经反复搓擦后，油脂颗粒与面粉颗粒的接触面扩大，这充分增强了油脂的黏性，使其粘连逐渐成为面团。

油酥面团虽然能搓擦成团，但是其面粉颗粒并没有结合起来，不能像水调面团那样蛋白质吸水后形成面筋网络，淀粉吸水膨润增加黏度。因此，油酥面团比较松散，没有黏度和筋力，这也就导致了它与水调面团不同的性质——起酥性。油酥面团酥松起层的具体原因如下。

（1）面粉颗粒吸不到水，不能膨润，在加热时更容易"碳化"变脆。完全由油脂与面粉调制的面团，虽然具有良好的起酥性，但是面团松散，不易成形，加热即散开，无法加以利用。因此，必须采用其他方法与之配合，例如加水、糖、膨松剂的单酥，包入其他面皮内的炸酥，与干油酥、水油酥结合的酥皮，擘酥等各种油酥面团。

（2）在调制干油酥面团时，面粉颗粒被油脂包围，面粉中的蛋白质和淀粉被隔开，不能形成网状结构，质地松散，不易成形。而调制水油酥面团时，由于加水调制使其形成了部分面筋网络，整个面团质地柔软，有筋力，延展性强。这两种面团合在一起，形成一层皮面、一层油酥面。干油酥面团被水油酥面团隔开，当制品生坯受热时，水就会汽化，使层次中有一定空隙。同时，油脂受热也不再粘连，产生酥化作用，便形成非常清晰的层次。

以上两点就是油酥面团起酥的基本原理。

 **想一想**

用什么油调制的油酥面团的起酥效果最好？为什么？

做一做

1. 根据眉毛酥的制作方法动手制作盒子酥。
2. 利用千层酥皮面团制作苹果派。

知识拓展

宫廷桃酥的由来

相传明嘉靖年间，江西出了两位首辅，即夏言和严嵩（一忠一奸）。后夏言被严嵩陷害致身首异地，夏言的后裔有一部分逃到今江西上清桂洲村，另一部分在今龙头山下以制作桃酥为生，在靠近北极阁的地方开设了码头埠做起了果子生意，专卖"宫廷桃酥"，并流传下来。

后有周宗林在北京开了一家桃酥王店后而名声大振，并把品种不断更新，由原来单一的宫廷桃酥增加到现今20余品种。由此，北京桃酥王名誉海内外。

任务五　米粉面团

 **任务目标**

技能目标

• 掌握3种以上常见米粉面团制品的制作方法。

知识目标

• 了解米粉面团的概念；
• 了解米粉面团的制作工艺流程。

任务学习

米粉面团是指用米粉掺水调制而成的面团，由于米的种类比较多，如糯米、粳米、籼米等，因此可以调制出不同的米粉面团。调制米粉面团的粉料一般可分为干磨粉、湿磨粉和水磨粉。其中，水磨粉多数用糯米掺入少量的粳米制成，粉质比湿磨粉和干磨粉更为细腻，吃口更为滑润。所以在饮食行业中，制作米粉通常选用的是水磨粉。

米粉面团的制品很多，按其属性一般可分为三大类，即糕类粉团、团类粉团和发酵粉团。

一、糕类粉团

糕类粉团是米粉面团中经常使用的一种粉团，根据成品的性质一般可分为松质糕粉团和黏质糕粉团两类。

1. 松质糕粉团

松质糕粉团简称松糕，它是先成形后成熟的糕类粉团。

调制方法：将糯米粉和粳米粉按一定比例拌和，加入水，抄拌成粉粒，静置一段时间，然后进行夹粉（指过筛、搓散的过程）即成白糕粉团，再倒入或筛入各种模型中蒸制而成松质糕。需要注意的是，白糕粉团是以糖水代替水调制而成的。

调制要领如下。

（1）掺水是关键，粉拌得太干则无黏性，蒸制时容易被蒸汽冲散，影响米糕的成形；粉拌得太烂则黏糯无空隙，蒸制时蒸汽不易上冒，容易出现中间夹生的现象，成品不松散柔软。

（2）静置，让米粉充分吸水和入味。

（3）夹粉，刚抄拌而成的粉中有很多团块，不将其搓散蒸制时就不容易成熟，也不便于制品成形。

技能训练28——松糕

（1）原料准备：

糯米粉300g，粳米粉200g，白糖50～100g（加水溶化）。

（2）制作过程：

① 调制面团。将糯米粉和粳米粉抄拌均匀后置于案板上，中间扒出一个凹坑，将白糖水倒入，抄拌，揉搓均匀。

② 成形。静置一段时间，让粉粒充分吸收水分后过筛，倒入木模型中按实，上笼蒸5分钟。切块装盘即可。

（3）成品特点：

松糕口感松软，香甜，适口。

（4）注意事项：

制作时如果粉料太干，可以再适量地加一些水后揉搓。

【我的实训总结】：_____

_____

_____

2. 黏质糕粉团

黏质糕粉团是先成熟后成形的糕类粉团，具有黏、韧、软、糯等特点，大多数成品为甜味或甜馅品种。

调制方法：静置、夹粉等过程与松质糕粉团相同，但采用先成熟后成形的方法调制而成，即把粉粒拌和成糕粉后，先蒸制成熟，再揉透（或倒入搅拌机打匀、打透）成团块，即成黏质糕粉团。

调制要领：蒸熟的糕粉必须趁热揉成团，再制作成形。

技能训练29——桂花百果蜜糕

（1）原料准备：

糯米粉 500g，绵白糖 350g，糖桂花 20g，麻油少许，青梅丁少许，松子少许，核桃少许。

（2）制作过程：

将糯米粉、绵白糖、糖桂花搅拌均匀，分次加水 190g，拌匀后揉搓、过筛，上笼蒸熟。在蒸熟的粉料中加入少许麻油、青梅丁、松子（焐油后切碎）、核桃（开水烫后去衣，焐油后切碎）后揉匀。将粉团擀成长方块，低温静置 4 小时后，切成所需块状装盘。

（3）成品特点：

桂花百果蜜糕具有甜、韧、软、糯等特点。

（4）注意事项：

先成熟后成形的制品，需格外注意操作卫生。

【我的实训总结】：_____

_____

_____

二、团类粉团

团类制品又称团子，大体上可分为生粉团和熟粉团。

（一）生粉团

生粉团是先成形后成熟的粉团。制作方法：掺入大部分生粉料，调拌成块团或揉搓成块团，再制皮，捏成团子，如各式汤圆。其特色是可包较多的馅心，皮薄、馅多、黏糯，吃口滑润。

1.调制方法

（1）泡心法。将粉料倒在案板上，中间扒出一个凹坑，用适量的沸水将中间部分的粉烫熟，再将四周的干粉与熟粉一起揉和，然后加入冷水反复揉搓，至软滑不黏手为止。

（2）煮芡法。取出 1/2 的粉料加入水调制成粉团，按成饼形，投到沸水中煮成"熟芡"，取出后马上与余下的粉料揉和，揉搓至细洁、光滑、不黏手为止。

2.调制要领

（1）采用泡心法，掺水量一定要准确，沸水少了，制品容易裂口；沸水加入在前，冷水加入在后。

（2）采用煮芡法，在制作熟芡时，必须等水沸后才可投入"饼"，否则容易沉底散破；第二次水沸时需要加适量的凉水，抑制水的滚沸，使团子漂浮在水面上 3 ~ 5 分钟，即成熟芡。

（二）熟粉团

熟粉团是将糯米粉和粳米粉按照一定比例适当掺和，加入冷水拌和成粉粒蒸熟，然后倒入机器中打匀、打透，形成块团。

调制要领如下。

（1）熟粉团面团一般为白糕粉团，不加糖和盐。

（2）因包馅成形后直接食用，所以操作时更要注意卫生。

三、发酵粉团

发酵粉团仅是指用籼米粉调制而成的粉团，它是用籼米粉加水、糖、膨松剂等辅料经过保温发酵而成的。其制品松软可口，体积膨大，内有蜂窝状组织，在广式面点中使用较为广泛。

米粉类粉团，除以上 3 种纯粹用米粉调制的粉团外，还有很多用米粉与其他粉料调制而成的粉团，如用米粉与澄粉或者杂粮调制而成的粉团。

　　米粉面团的调制方法主要由米粉的化学组成所决定。米粉和面粉的组成成分基本相同，主要是蛋白质与淀粉，但两者的蛋白质与淀粉的性质都不同。面粉所含的蛋白质是能吸水生成面筋的麦麸蛋白和麦胶蛋白，而米粉所含的蛋白质是不能生成面筋的谷蛋白和谷胶蛋白；面粉所含的淀粉多为淀粉酶活性强的直链淀粉，而米粉所含的淀粉多是淀粉酶活性低的支链淀粉。但根据米的种类不同，情况又有所不同。糯米所含的淀粉几乎都是支链淀粉，粳米所含的支链淀粉也较多；籼米所含支链淀粉较少，约占淀粉总量的30%。用糯米粉和粳米粉所制作出的粉团之所以黏性较强，就是因为其中含有比较多的支链淀粉。

　　在面粉中加入一些膨松剂之后，制成的品种比较松发暄软。而糯米粉和粳米粉在正常情况下不能做出暄软膨松的制品，因为糯米粉和粳米粉含有的支链淀粉较多，黏性较强，淀粉酶的活性低，将淀粉分解为单糖的能力很差，即在缺乏发酵的基本条件下产生气体的能力差。而且它的蛋白质也是不能产生面筋的谷蛋白和谷胶蛋白，没有保持气体的能力。因此，米粉虽可引入酵母发酵，但酵母菌的繁殖缓慢，生成的气体也不能被保持。所以用糯米粉和粳米粉调制成的面团，一般都不能用于发酵。但籼米粉却可调制成发酵面团，因为籼米粉中含有的支链淀粉含量相对比较低，所以可以做一些有膨松性能的制品。

 技能训练30——糯米椰蓉粉团

（1）原料准备：

　　糯米粉225g，粳米粉150g，豆沙馅300g，椰蓉少许。

（2）制作过程：

　　① 调制面团。将糯米粉和粳米粉搅拌均匀后，分次加入适量开水烫制，淋冷水揉成团。

　　② 下剂。将揉好的面团切剂，揉成团，按扁，包入豆沙馅，搓圆。

▲ 糯米椰蓉粉团

　　③ 成形。上笼蒸8分钟，滚粘上椰蓉装盘即可。

（3）成品特点：

　　糯米椰蓉粉团椰香浓郁，黏甜适口。

（4）注意事项：

　　手上可适量地沾些水再揉，以防黏手。蒸制时间不宜过长，以防成品走形。

【我的实训总结】：_____

_____

_____

 技能训练31——双馅团

（1）原料准备：

糯米粉150g，粳米粉100g，黑芝麻少许，白糖少许，豆沙馅少许，油少许。

（2）制作过程：

① 制馅心。黑芝麻用小火炒熟，压碎，按1∶3的比例加入白糖搅拌均匀，制成黑芝麻糖馅心。

② 成形。将糯米粉和粳米粉搅拌均匀后，分次加入水150g，揉搓均匀，上笼蒸熟。

③ 揉制面团。在蒸熟后冷却的米粉面团中加油和少许冷开水，揉光、揉匀。

④ 下剂。将揉好的面团下剂，按成中间厚的圆皮，包入豆沙馅心后收口，按扁，按成中间厚、边上薄的圆皮，包上黑芝麻糖馅心，收口后揉圆即可。

（3）成品特点：

双馅团两种馅料，口味独特，形态美观。

（4）注意事项：

因制品成形后直接食用，所以操作时更要注意卫生。

【我的实训总结】：_____

_____

_____

 技能训练32——棉花糕

（1）原料准备：

籼米粉250g，泡打粉12g，牛奶100g，白糖150g，白醋10g，猪油30g，蛋清1个。

（2）制作过程：

① 搅粉。将籼米粉过筛，倒入盆中，加泡打粉搅拌均匀。

② 继续搅粉。将牛奶、白糖、蛋清放入碗中搅拌均匀后，倒入籼米粉中继续搅拌，然后再加入猪油、白醋、水继续搅拌均匀。

③ 成形。将搅拌均匀的糊状液体倒入方盆中，方盆内抹油，盖一层保鲜膜，在保鲜膜上再抹一层油，上笼旺火蒸12～15分钟。

（3）成品特点：

棉花糕松软洁白，形似棉花，甜香适口。

（4）注意事项：

籼米粉必须过筛后才可使用，否则易结块。

【我的实训总结】：_____

_____

_____

 **想一想**

米粉面团不适合发酵的原因是什么？

 **做一做**

根据糯米椰蓉粉团的制作方法制作"驴打滚"。

知识拓展

矮人松糕

矮人松糕是温州松糕中的知名品种。矮人松糕实际上就是猪油糯米白糖糕，它所选用的全是当年的新糯米，过水磨成细粉，拌以猪臀尖肥肉丁、桂花和白糖，制熟切块。现做现卖的矮人松糕，吃起来松软绵糯，甜中有咸，点缀于上面的桂花更是让其清香无比。据说，矮人松糕发明于抗日战争后期，那时有个温州人叫谷进芳，在城区五马街口设摊制作松糕，以用料考究、制作精细出名。因为谷进芳个头矮小，人们就称他做的糕为"矮人松糕"。矮人松糕趁热吃时甜蜜糯软，待稍凉时再吃更有韧劲，而且更香。除这种用白糯米制成的矮人松糕外，还有一种用血糯米制成的松糕也非常香甜。

任务六　杂粮及其他面团

任务目标

技能目标

• 能制作3种以上杂粮及其他面团的常见品种。

知识目标

• 了解蛋和面团、澄粉面团、杂粮面团、鱼虾蓉面团的概念；

• 熟悉蛋和面团、澄粉面团、杂粮面团、鱼虾蓉面团制品的操作流程。

任务学习

一、蛋和面团的分类及特点

蛋和面团是指用鸡蛋、油脂、水、面粉拌和揉搓而成的面团，其制品有麻花、伊府面、炸松塔等。根据制品要求的不同，蛋和面团可分为纯蛋和面、油蛋和面、水蛋和面3种。

1. 纯蛋和面

纯蛋和面是指用鸡蛋和面粉调制而成的面团。

特点：较硬，有韧性，制成的成品色黄、松酥，如迎春糕、蛋卷等品种。

注意事项：

（1）要根据气候和制品的要求使用鸡蛋，鸡蛋要新鲜。

（2）面团和好后，盖上湿布醒一段时间，否则不易成形。

（3）用机械打发时，应注意蛋糊抽打程度、用料顺序及比例。

2. 油蛋和面

油蛋和面是指用油和鸡蛋加面粉调制而成的面团。

特点：爽滑、易膨松，制成的成品色泽金黄、松酥、甜香，如部分麻花和干点等。

注意事项：

（1）要注意面团的软硬度和面粉的质量。

（2）要注意添加辅料的比例等。

3. 水蛋和面

水蛋和面是指用水、鸡蛋和面粉调制而成的面团。

特点：较硬、劲大、有韧性，制成的成品色泽稍黄、爽口、滑润、口感筋道，一般用于制作高档面条、炒面、馄饨等。

注意事项：

（1）用水量要准确。

（2）要揉透。

（3）正确掌握水温。

（4）揉好后盖上湿布，以防止干皮。

技能训练33——萨其马（纯蛋和面）

（1）原料准备：

① 坯料（高筋粉200g、鸡蛋145g、泡打粉5g、水10g、玉米淀粉适量）。

② 糖浆（细砂糖160g、麦芽糖100g、水35g），炒熟的白芝麻30g，花生

油适量。

（2）制作过程：

① 调制面团。将高筋粉和泡打粉混合过筛，在操作台面或者案板上做成一个面粉坑，将鸡蛋打散，倒入面粉坑里，拌和均匀，揉搓成团。

② 切条。在面团表面拍上少许玉米淀粉，使面团不黏手。将面团静置松弛15分钟。在操作台面上撒少许玉米淀粉，将静置好的面团擀开成约0.2cm厚的大面片。将大面片切成若干小面片，再将小面片切成细条（俗称坯条）。切的时候注意撒上一些玉米淀粉，以防止切好的坯条黏在一起。

▲ 萨其马（纯蛋和面）——切条1　　　　▲ 萨其马（纯蛋和面）——切条2

③ 制糖浆。向锅里倒入花生油，烧热至油温150℃左右，将坯条分次投入锅里炸成浅金黄色，将细砂糖、水、麦芽糖倒入锅里，用小火加热并熬煮，糖浆温度控制在115℃左右。

▲ 萨其马（纯蛋和面）——制糖浆

④ 粘糖浆。糖浆熬好以后关火，把炸好的坯条、炒熟的白芝麻放入糖浆里，趁热快速拌匀，尽量使每根坯条都粘有糖浆。

⑤ 成形。趁温热的时候，倒进涂了花生油的8寸方烤盘。手上抹花生油以后，直接用手掌把坯条压实（要趁温热的时候操作，凉了以后就硬了）。等萨其马完全冷却黏合在一起后，脱模并切成小块即可。

▲ 萨其马（纯蛋和面）

（3）成品特点：

萨其马（纯蛋和面）色泽金黄，甜香可口。

（4）注意事项：

① 掌握好面粉与鸡蛋的比例。

② 油温应控制在五成热左右。

③ 定形冷却后再切块，以防止碎裂。

【我的实训总结】：_____

_____

_____

二、澄粉面团的分类及特点

顾名思义，澄粉面团就是将澄粉（面粉经特殊加工而成）用沸水烫制而调成的面团，故又称淀粉面团。

因为采用了纯淀粉，故其色泽洁白；由于淀粉的糊化作用，面团变得很黏柔，缺乏筋力，具有良好的可塑性；由于淀粉酶的糖化作用，故面团带有甜味；成熟后呈半透明状，柔软细腻，口感嫩滑。

1. 澄粉面团的调制方法

（1）按体积比进行调制。将澄粉放入不锈钢盆中一侧（占一半位置），在水中加入盐烧沸后冲入澄粉中，迅速搅拌均匀，加盖焖制5分钟，然后倒在抹有色拉油的案板上，加入生粉揉成光滑的面团。

（2）按质量比进行调制。将澄粉与水按1∶1.45的质量比称好，将水放入锅中，加入盐烧沸后，加入少许水磨糯米粉搅拌，再倒入澄粉迅速搅拌均匀，加盖焖制5分钟，然后倒在抹有色拉油的案板上，揉成光滑的面团。

2. 澄粉面团的调制要点

（1）必须用沸水烫制，才能产生透明感。

（2）烫制后需要焖制 5 分钟，使粉受热均匀。

（3）澄粉与沸水的质量比为 1 : 1.45。

（4）调粉要加点盐、色拉油，也可加适量生粉。

（5）调好的面团要用干净的湿布盖好，以防止面团干硬、开裂。

3. 澄粉面团制品的特点

制品色泽洁白，透明感强，口感黏糯。

4. 澄粉面团制品的形态与应用范围

（1）花色造型：可用来制作船点、看盘、围边装饰等。

（2）制皮、包馅制成一定的造型：如青菜饺、虾饺、奶黄水晶花、娥姐粉果等。

另外，根茎类、果品类面团的调制也常需加入澄粉面团。

▲青菜饺

三、杂粮面团的分类及特点

杂粮面团是指将杂粮或蔬菜类原料加工成粉料或将其制熟加工成泥蓉调制而成的面团。有的可以单独成团，有的需和面粉、澄粉或其他辅料掺和调制成团。

这类面团的成品具有营养丰富、制作精细、时令性强等特点。常见的杂粮面团有杂粮粉面团、豆类面团、蔬菜类面团、果类面团等。

（一）杂粮粉面团

有的杂粮粉面团直接用杂粮粉加水调制而成；但大部分杂粮面团则需用杂粮粉与面粉、米粉等掺和再调制成粉团。

该面团常用于制作有地方特色的品种，如小窝头、荞面枣儿角、莜面栲栳、玉米面丝糕、黄米糕、小米煎饼、高粱团等。

技能训练34——小窝头

（1）原料准备：

熟黄豆面 100g，黄面 250g，白糖 50g，炼乳 15g，碱 1g。

（2）制作过程：

① 调制面团。将熟黄豆面、黄面、白糖、碱倒入盆中，加入炼乳、温水和成面团。

② 下剂。将面团搓成长条，揪出每个约 30g 的剂子。

③ 成形。用食指在剂子大的一端扎出一个洞并捏出中间的窝窝，放入蒸笼。

▲ 小窝头——下剂

▲ 小窝头——成形1

④ 蒸制。蒸 25 分钟，成熟后装盘即可。

▲ 小窝头——成形2

▲ 小窝头

（3）成品特点：

小窝头香甜可口，奶香浓郁，营养丰富。

（4）注意事项：

① 注意面团中各种原料的配比。

② 注意成形大小。

③ 黄豆面需加热成熟后方可食用，否则豆腥味过重，影响成品口感。

【我的实训总结】：＿＿＿＿＿＿＿＿＿＿＿＿＿＿＿＿＿＿＿

＿＿＿＿＿＿＿＿＿＿＿＿＿＿＿＿＿＿＿＿＿＿＿＿＿＿＿＿＿＿＿＿

＿＿＿＿＿＿＿＿＿＿＿＿＿＿＿＿＿＿＿＿＿＿＿＿＿＿＿＿＿＿＿＿

（二）豆类面团

豆类面团是指将各种豆类［如豌豆、赤豆（红豆）、绿豆、芸豆、豇豆等］加工成粉或泥，经过调制而形成的面团。

常见的品种有豌豆黄、南国红豆糕、绿豆糕、芸豆糕、扁豆糕、豇豆糕等。

（三）蔬菜类面团

蔬菜类面团是指将土豆、山药、山芋、芋头、荸荠、南瓜等原料经过加工制成泥、蓉或磨成浆或制成粉，经过调制而形成的面团。

常见的品种有像生雪梨、山药糕、五香芋头糕、荔浦香芋角、马蹄糕、土豆丝饼、南瓜饼、芋蓉冬瓜糕、山芋沙方糕等。

（四）果类面团

果类面团是指将莲子、柿饼、栗子等经过加工制成泥，与面粉、糯米粉或澄粉等调制而成的面团。

常见的品种有莲蓉卷、栗蓉糕、黄桂柿子饼、山楂奶皮卷等。

四、鱼虾蓉面团

鱼虾蓉面团是指将净鱼肉、虾肉先加工成蓉，再与澄粉、面粉等调制而成的面团。

常见的品种有鱼皮鸡粒角、百花虾皮脯、汤泡虾蓉角、冬笋明虾盒等。

❓ 想一想

为什么杂粮粉与面粉、米粉等掺和后才能用于调制杂粮面团？

❓ 做一做

尝试制作豌豆黄、红薯面窝头。

知识拓展

窝 头

窝头是一种圆锥形、中间有一个窝的蒸制食品，最初是用玉米面做的，因为没有发酵的玉米面非常不容易蒸熟，所以做成这种形状有利于迅速蒸熟。窝头以前是广受百姓喜爱的食品。传说用当时非常昂贵的栗子磨面做出的小窝头是清代慈禧太后喜爱的一种宫廷食品，后流入民间。其实，纯用栗子面是蒸不成窝头形状的，因为其干裂、不合团。做小窝头应用好的新玉米面，过细箩，再掺上好的黄豆面，蒸的时候加桂花白糖，口感又暄又甜。

 知识检测

一、选择题

1. 下列叙述正确的是（　　　）。

　　A. 酵母膨松性主坯成品的特点是体积疏松多孔，结构细密暄软，呈蜂窝状，味道香醇适口

　　B. 酵母膨松性主坯成品的特点是体积疏松膨大，结构细密暄软，呈海绵状，味道香醇适口

　　C. 酵母膨松性主坯成品的特点是体积疏松膨大，结构细密暄软，呈海绵状，口感酥脆浓香

　　D. 酵母膨松性主坯成品的特点是体积疏松膨大，结构细密暄软，呈蜂窝状，有浓郁蛋香味

2. 下列叙述正确的是（　　　）。

　　A. 物理膨松性主坯成品的特点是体积疏松膨大，呈海绵状，口感酥脆浓香

　　B. 物理膨松性主坯成品的特点是体积疏松膨大，呈蜂窝状，口感酥脆浓香

　　C. 物理膨松性主坯成品的特点是体积疏松多孔，呈海绵状，口感酥脆浓香

　　D. 物理膨松性主坯成品的特点是体积疏松膨大，结构细密暄软，呈海绵状、多孔结构，有浓郁的蛋香味

3. 利用微生物使主坯疏松膨大的方法称为（　　　）。

　　A. 生物膨松法　　　　　　　　　　B. 交叉膨松法

　　C. 化学膨松法　　　　　　　　　　D. 物理膨松法

4. 严格掌握好主坯的配料用量，保证品种（　　　）的形成。

　　A. 形态　　　　　　B. 口味　　　　　　C. 风味特色　　　　　　D. 色泽

5. 层酥性主坯是由油酥面团和水油面团两块不同（　　　）的主坯结合而成的。

　　A. 油量　　　　　　B. 软硬　　　　　　C. 质感　　　　　　D. 大小

6. 调制对于整个制作工艺和成品质量的影响很大，做好调制工作要注意：掺水、掺油脂等原料的（　　　）。

　　A. 准确性　　　　　B. 灵活性　　　　　C. 可变性　　　　　D. 手法

7. 物理膨松性主坯的工艺流程是先将（　　　）混合，再高速搅拌调制。

　　A. 粉料与水　　　　B. 粉料与油脂　　　C. 粉料与鸡蛋　　　D. 辅料与鸡蛋

8. 下列叙述正确的是（　　　）。

A. 干油酥又称酥面，是由粉料、水与油脂配制而成的

B. 干油酥又称酥面，是由粉料与油脂配制而成的

C. 油脂掺入粉料后，经搓擦，缩小了油脂与粉料颗粒的接触面

D. 粉料与油脂充分搓擦融合后，干油酥就不会松散

9. 层酥性主坯工艺流程的关键在于水、油、粉料之间的比例，两块坯料的软硬程度是否一致，以及开酥（　　　）。

A. 多少　　　　　　B. 大小　　　　　　C. 手法　　　　　　D. 外形

10. 水油面团既有水调面团的（　　　）和保持气体的能力，又有油酥面团的起酥松发性。

A. 可塑性　　　　　B. 黏性　　　　　　C. 筋力、韧性　　　D. 润滑性

11. 在制作蛋糕面糊时，凡是不加或加入少量（　　　）而制成的面糊，都可称为清蛋糕面糊。

A. 蛋黄　　　　　　B. 油脂　　　　　　C. 糖　　　　　　　D. 牛奶

12. 清蛋糕是用全蛋、糖搅打与面粉混合制成的（　　　）制品。

A. 混酥类　　　　　B. 泡芙类　　　　　C. 蛋糕类　　　　　D. 面包类

13. （　　　）是以鸡蛋、糖、油脂、面粉等为主要原料，配以辅料，经一系列加工而制成的松软点心。

A. 酥松类制品　　　　　　　　　　　B. 松脆类制品

C. 硬脆类制品　　　　　　　　　　　D. 物理膨松类制品

14. 调制混酥面坯时，面粉颗粒间形成（　　　），使得面坯中的面粉蛋白质不能吸水形成面筋网络。

A. 一层水膜　　　　B. 一层淀粉膜　　　C. 一层油脂膜　　　D. 一层面筋膜

15. 清酥类制品是在用水调面坯、水油面坯互为表里，经反复擀叠、（　　　）形成新面坯的基础上，经加工而制成的一类层次清晰、松酥的点心。

A. 揉搓成形　　　　B. 擦制　　　　　　C. 冷藏　　　　　　D. 冷冻

16. 制作混酥类面坯，可以选用的糖制品有细砂糖、（　　　）或糖粉。

A. 粗砂糖　　　　　B. 冰糖　　　　　　C. 绵白糖　　　　　D. 封糖

17. 在打蛋过程中可同时加入蔗糖，糖的黏性可以提高蛋白的（　　　）。

A. 起泡性　　　　　B. 膨胀性　　　　　C. 稳定性　　　　　D. 疏松性

18. 体积疏松膨大，结构细密暄软，呈海绵状，味道香醇适口是（　　　）的特点。

A. 交叉膨松性主坯成品　　　　　　　B. 物理膨松性主坯成品

C. 化学膨松性主坯成品　　　　　　　D. 酵母膨松性主坯成品

19. 制作小窝头（　　）、成品干裂的原因是面太硬。

    A. 口感发软　　　　　　B. 口感发硬　　　　　　C. 口感发涩　　　　　　D. 口感发苦

20. 普通的酵面坯每 500g 面粉约掺入（　　）干酵母为宜。

    A. 5g　　　　　　　　B. 10g　　　　　　　　C. 15g　　　　　　　　D. 20g

二、判断题

（　　）1. 搓条的要点是两手用力大小要一致，搓时要用掌心。

（　　）2. 蛋糕采用化学膨松法进行膨松。

（　　）3. 虾饺皮里的澄粉和生粉之间的比例是 9 : 1。

（　　）4. 馒头是利用物理膨松的原理制作的。

（　　）5. 蛋糕是利用鸡蛋在搅打后的发泡性起发的。

（　　）6. 米粉在发酵时，起发效能好。

（　　）7. 酵母膨松法又称生物膨松法。

（　　）8. 在主坯中加入化学膨松剂后，在烘烤的开始阶段，主坯的表面不是失水而是增加了水分。

（　　）9. 在打蛋的过程中加入蔗糖，不但可以提高蛋白气泡的稳定性，还可以提高其稠度。

（　　）10. 层酥性主坯成品的特点是体积疏松，层次多样，口味酥香，营养丰富。

（　　）11. 温水面主坯柔中有劲，富有可塑性，制成品时不易成形，熟制后也不易走样，口感适中。

（　　）12. 层酥性主坯的工艺流程关键只在于掌握好干油酥面团与水油酥面团的比例。

（　　）13. 调制蛋泡面团时，鸡蛋打发时间越久越好。

（　　）14. 用面肥发面时，加入碱不仅可以起到酸碱中和的作用，还可以使成品更加暄软。

（　　）15. 制作烫面制品时，若加水不够，可以再加至软硬合适为止。

（　　）16. 搓条时，条的粗细标准是由面的软硬程度决定的。

（　　）17. 松质糕是先成形后成熟制品。

（　　）18. 制作麻花时适量加入饴糖主要起到调节口味的作用。

（　　）19. 熬制糖浆时加入饴糖可以起到防止返砂的作用。

（　　）20. 黏质糕粉团是先成熟后成形的糕类粉团。

项目五　制馅技艺

任务一　了解馅心

任务目标

技能目标
- 能够对馅心制作所需的常用食材进行品质鉴别。

知识目标
- 了解馅心的重要性；
- 熟悉馅心制作的要点；
- 掌握馅心的分类。

任务学习

　　馅心是指用各种不同的制馅食材，经过精细加工制成的形式多样、味美适口并包入面点内部的心子。

　　面点中包入馅心的制品，通常称为有馅制品。有馅制品不仅能改善制品的口味，还丰富了面点的品种。以往，人们主要以无馅制品为主食，而作为主食的面点无论制成什么样的花色，其口味都是比较单调的。只有在坯皮中包入馅心后才能真正起到调剂口味的作用，馅心口味的多样化促进了面点制品的多样化，同时丰富了面点的品种。

一、馅心的重要性

（一）馅心的质量能直接影响面点制品的色、香、味、形

　　包馅制品的质地和口味虽然与坯皮有很大关系，但主要还是由馅心来体现的，面点整体质量的好坏主要取决于馅心。人们大都以馅心的质量作为评价面点档次高低的

标准，特别是对于一些重馅制品，如烧卖、春卷、小笼包等，馅心的重要性尤为突出。

（二）与面点特色的形成有很大关系

面点制品的风味特色，除与不同的坯皮食材、成形加工和成熟方法有关外，更重要的是馅心的口味极大地决定了面点制品的风味特色。不同地方的同一品种，由于各地区针对食材的选择、调味方法、口味要求等各有各的制法，从而形成不同的口味特点。例如灌汤包，北方地区在制作馅心时多用"水打馅"，而南方地区则多"掺冻"。由此可见，馅心对于形成面点的特色风味有很大的关系。

（三）形成面点品种的多样化

我国面点的花色之所以品种繁多、口味丰富，除源于使用不同的坯皮食材、不同的成形方法、不同的成熟加工方法等因素外，更重要的是使用了不同的馅心，馅心的千变万化使面点品种也千变万化。馅心的多样性使面点的品种丰富多彩。

（四）决定了面点的档次

面点的档次主要是由馅心决定的，对于同种类型的面点，如果馅心的用料不同，档次也会明显不同，如蟹黄灌汤包和鲜肉灌汤包，前者的档次明显高于后者。

二、馅心制作的要领

（1）必须对制馅的食材进行严格的选择和鉴别。

（2）食材必须鲜嫩无骨，并且经过初步加工。

（3）馅心的口味应按品种不同要求而定。

（4）熟制后的馅心，大部分都需要进行增稠处理，以增加黏稠度。

（5）要了解各种制馅食材的拆卸率、涨发率、出馅率等。

（6）必须熟悉馅心主料、配料、调料的性质，合理组合配比标准。

三、馅心的分类

（1）按口味主要分为咸馅和甜馅两大类。此外，还有一种甜咸混合馅，以甜味为主，略带咸味，是在甜味基础上稍加一些盐调制而成的。

（2）按食材一般分为荤馅和素馅两大类。也有不少是荤素互相掺和的，不过这种馅料或者以荤为主，稍加一些素料；或者以素为主，搭配一些荤料。

（3）按制法分为生馅、熟馅两大类。生馅调制方法以拌和为主，习惯上称为拌馅；熟馅调制方法很多，如炒、爆、煨、焖、水焯、蒸、煮等。

? 想一想

平时吃过的面点中有哪些是甜馅制品，哪些是咸馅制品？各举3个例子。

? 做一做

鉴别制馅常用的猪里脊肉、五花肉和后腿肉的品质。

任务二　荤馅制作

任务目标

> **技能目标**
> - 熟悉荤馅食材选料及加工处理的方法；
> - 能够熟练进行鲜肉馅、叉烧馅、牛肉馅和虾肉馅的制作。
>
> **知识目标**
> - 掌握鲜肉馅、叉烧馅、牛肉馅和虾肉馅的食材配比、制作过程及制作要领。

任务学习

　　荤馅是面点中普遍使用的一种馅心，日常生活中常见的花色蒸饺、水饺、鲜肉包等都是荤馅制品。

一、荤馅食材的加工处理

（一）荤馅食材的初加工

　　荤馅多用禽畜肉和水产品，如猪、牛、羊、鸡、鸭、鱼、虾蟹、蛋等。荤馅食材都以质嫩、新鲜为好。选料后，要做好初步加工，如肉类食材要去骨、去皮、分档取料等；加工处理时应特别注意去掉食材中带有的不良气味，如苦涩味、腥膻味等；对质地较老的肉类，如牛肉等，应适当加些小苏打腌渍使其变嫩。总之，要根据馅心的要求，采取不同的方法对馅料进行初加工或处理（包括调味）。

（二）食材的形态加工

无论是荤食材还是素食材，一般都要根据成形的要求加工成细碎小料，如细丝、小丁、粒、末、蓉、泥等。这是因为面皮坯性质柔软，如馅料不是细小碎料，很难包捏成形。馅料大多包在面点内部，如不细碎，在熟制时就不易成熟，容易产生皮熟则馅生、馅熟则皮烂的现象。蓉泥处理得越细越好，丁、丝、块等也要粗细一致、大小均匀，不能过大。细碎是制馅心的一个共同要求，但是也要按照面点馅心的要求来定，并注意规格。细丝、小丁、粒、末、蓉、泥等的加工都要符合标准，不能大小不一或厚薄不均。

二、荤馅制作实例

 技能训练35——鲜肉馅

（1）原料准备：

猪肋条肉500g，酱油20g，盐15g，糖15g，麻油、味精、葱姜末、胡椒粉适量。

（2）制作过程：

① 制肉蓉。将猪肋条肉洗净，绞成肉蓉，放入容器中。

▲ 鲜肉馅——制肉蓉

② 拌馅。将酱油、盐、糖、味精、胡椒粉和肉蓉拌匀，分次加入水100g，顺着一个方向搅打上劲，加入麻油、葱姜末拌匀即可。

▲ 鲜肉馅——拌馅1

▲ 鲜肉馅——拌馅2

▲ 鲜肉馅——拌馅3

▲ 鲜肉馅

（3）成品特点：

鲜肉馅馅心滑嫩，成熟后味道鲜美、汁多肥嫩。

（4）注意事项：

① 夹心肉选择肥瘦比例一般为 3：7。

② 加水后要顺一个方向搅打，水要分 2 ～ 3 次加入，上劲后方可再次加水。

【我的实训总结】：_____

_____

_____

技能训练36——叉烧馅

（1）原料准备：

叉烧肉 250g，酱油 15g，洋葱 100g，蚝油 15g，香油 10g，白糖 200g，胡椒粉 2g，水淀粉适量。

（2）制作过程：

① 备料。将叉烧肉、洋葱切成丁状备用。

▲ 叉烧馅——备料

② 翻炒。起油锅，放入洋葱丁炒香，再加入叉烧肉丁翻炒均匀。

▲ 叉烧馅——翻炒 1　　　　▲ 叉烧馅——翻炒 2

③ 拌馅。将酱油、蚝油、白糖、胡椒粉等调味料用水拌匀后，加入锅中煮至入味，最后以水淀粉勾芡，冷却后加入香油拌匀即成。

▲ 叉烧馅——拌馅　　　　　　▲ 叉烧馅

（3）成品特点：

叉烧馅熟后口味香甜，鲜滑甘香，鲜美可口。

（4）注意事项：

① 各种调味料在煮制时出香味即可，烧煮时间不要过长，以防变味。

② 水淀粉芡汁浓度要适中。

③ 叉烧肉要切得大小均匀，便于入味及包制。

【我的实训总结】： _____

_____

_____

技能训练37——牛肉馅

（1）原料准备：

精牛肉 500g，嫩肉粉 5g，盐 10g，胡椒粉 5g，料酒 10g，味精 5g，香油 15g，白糖 20g，色拉油 15g，酱油、葱末、姜末、白菜、韭菜、白萝卜、芹菜适量。

（2）制作过程：

① 制牛肉蓉。将精牛肉剔去筋膜，洗净后绞成牛肉蓉。

② 拌馅。将酱油、料酒、嫩肉粉、盐加入牛肉蓉中搅拌均匀。分 2～3 次加入水

150g，顺着一个方向搅打上劲，再加入葱末、姜末、白糖、胡椒粉、香油、味精、色拉油搅拌均匀。可加入适量的白菜、韭菜、白萝卜、芹菜等作为配料，拌匀即成。

（3）成品特点：

牛肉馅质地细腻、富有弹性，成熟后鲜香味浓。

（4）注意事项：

① 精牛肉应尽量选用里脊肉等较为细嫩的部位。

② 嫩肉粉用量不可过大，否则容易有涩味。

③ 要尽量选用具有去腥增香作用的蔬菜。

【我的实训总结】：_____

_____

_____

 技能训练38——虾肉馅

（1）原料准备：

生虾肉 500g，猪肥膘肉 100g，蛋清 2 个，盐 15g，胡椒粉 2g，味精 5g，白糖 15g，香油 15g，生粉适量。

（2）制作过程：

① 备料。将生虾肉洗净，用干布吸干水分，再用刀背砸成虾泥。猪肥膘肉入沸水中烫至断生，洗净后切成碎粒备用。

② 拌馅。将虾泥与生粉拌匀，加盐、蛋清搅打上劲，放入猪肥膘粒、胡椒粉、味精、白糖、香油拌匀即成。

（3）成品特点：

虾肉馅色泽美观，熟后爽口，富有弹性。

（4）注意事项：

① 虾肉必须搅打均匀后，再与猪肥膘粒混合。

② 馅心拌匀后应先入冰箱冷冻，以便于包捏成形。

【我的实训总结】：_____

_____

_____

？ 想一想

在制作虾肉馅时加入蛋清的作用是什么？

任务三 素馅制作

任务目标

技能目标

- 熟悉素馅食材选料及加工处理的方法；
- 能够熟练进行白菜香菇馅、素三鲜馅、雪菜冬笋馅的制作。

知识目标

- 掌握白菜香菇馅、素三鲜馅、雪菜冬笋馅的食材配比、制作过程及制作要领。

任务学习

素馅是以各种新鲜蔬菜、食用菌、豆类制品及干菜作为食材，配以适当的调料而制成的一类馅心。菜馅有净素馅和半素馅之分。净素馅就是全素馅，馅内不加任何荤腥食材，调味也不用荤油，净素馅一般很少使用；半素馅的馅内可适当加荤油调味，拌以海鲜类、禽蛋类等辅料，以增加馅心的风味。

一、素馅食材加工处理

（1）刀工处理。用蔬菜类食材做馅心多取料于蔬菜的茎、叶部位，比较鲜嫩清爽，用蔬菜做馅心一般都需要加工成丁、丝、粒、米、泥等形状。蔬菜的脆性较强，含水量较大，在制作过程中要求切要切细、剁要剁匀、整体大小要一致，尤其是丝，最好用刨子擦制，这样会比较柔软，便于包捏。

（2）去除异味。用蔬菜做馅往往会在馅中残留少量异味，在调制前必须采用相应的措施去除异味。常见去除异味的方法是漂洗和焯水，有些食材采用蒸制的方法才可去除异味。

（3）去水分。蔬菜的含水量较大，在制馅时必须将多余的水分挤出。挤水的方法可根据刀工处理的结果而定，细丝可直接用手挤压水分；细丁或末可用纱布包裹挤压水分。有些食材的水分不宜直接挤出，可在刀工处理后适当加少许盐，利用生物学的渗透原理使食材内的水分大量析出，然后再挤压水分。

素馅的品种很多，如萝卜丝馅、白菜香菇馅、荠菜馅、翡翠馅、干菜馅、雪菜冬笋馅、素什锦馅、青菜馅等。

二、素馅制作实例

 技能训练39——白菜香菇馅

（1）原料准备：

大白菜1000g，水发香菇150g，豆腐干100g，鸡蛋4个，葱末50g，精盐6g，胡椒粉5g，白糖15g，味精15g，香油50g，精炼油150g。

（2）制作过程：

① 备料。大白菜洗净，切成细末，用精盐腌渍后，挤干水分；水发香菇、豆腐干均切细粒；将鸡蛋打入碗中，加精盐搅匀成鸡蛋液。

② 拌馅。炒锅置火上，放入精炼油烧热，倒入鸡蛋液摊匀煎熟，起锅放凉后剁碎，加入大白菜、水发香菇粒、豆腐干粒拌匀，再加入葱末、精盐、胡椒粉、白糖、味精、香油等拌匀即成。

▲ 白菜香菇馅

（3）成品特点：

白菜香菇馅软硬适宜，清爽适口。

（4）注意事项：

① 大白菜一定要先腌渍再挤干水分，之后才能做馅；如不用大白菜则可用萝卜、韭菜、芹菜等；如不用豆腐干则可用豆腐皮、水发腐竹等。

② 也可以直接将鸡蛋液拌入馅料中。此外，馅料中还可以加入粉丝等。

【我的实训总结】：_____

_____

_____

技能训练40——素三鲜馅

（1）原料准备：

冬笋 200g，水发香菇 100g，蘑菇 100g，白糖 15g，盐 5g，味精 5g，香油 20g，酱油 15g，色拉油 50g，水淀粉 20g，葱末、姜末各 10g。

（2）制作过程：

① 备料。冬笋、水发香菇、蘑菇焯水后，切成黄豆大小的粒。

② 炒制。炒锅上火，放入色拉油烧热，下葱末、姜末炒出香味，加入切好的三丁，加入酱油、盐、白糖煸炒，加适量水烧沸，倒入水淀粉勾芡，放入味精、香油拌匀，冷却后即成。

（3）成品特点：

素三鲜馅口感清爽，富有黏性。

（4）注意事项：

① 三丁要切得大小均匀，冬笋丁要比水发香菇丁和蘑菇丁略小。

② 勾芡适度，过厚影响口感，过薄则不易上馅。

【我的实训总结】：＿＿＿＿＿＿＿＿＿＿＿＿＿＿＿＿＿＿＿＿＿＿

＿＿＿＿＿＿＿＿＿＿＿＿＿＿＿＿＿＿＿＿＿＿＿＿＿＿＿＿＿＿

＿＿＿＿＿＿＿＿＿＿＿＿＿＿＿＿＿＿＿＿＿＿＿＿＿＿＿＿＿＿

 技能训练41——雪菜冬笋馅

（1）原料准备：

雪菜 300g，冬笋 150g，酱油 30g，白糖 50g，味精 5g，香油 10g，猪油 200g，葱末、姜末各 20g。

（2）制作过程：

① 备料。雪菜择洗干净，用水浸泡去除咸味，再切成细末，挤干水分备用。冬笋入沸水锅中焯烫后，冷水冲凉，切成边长约为 0.3cm 的小丁。

② 炒制。炒锅上火烧热，下猪油、葱末、姜末炒出香味，下入冬笋丁，放入酱油、白糖、味精、香油炒匀，再加入适量水烧沸入味，加入雪菜细末小火焖煮 10 分钟左右，汤汁浓稠后起锅，冷却后即成。

（3）成品特点：

雪菜冬笋馅色泽翠绿，成熟后口感鲜嫩、香甜适口。

（4）注意事项：

① 雪菜必须用水浸泡去除咸味后方可使用。

② 白糖、酱油用量要大，馅心香味才浓。

【我的实训总结】：＿＿＿＿＿＿＿＿＿＿＿＿＿＿＿＿＿＿＿＿＿＿＿

＿＿＿＿＿＿＿＿＿＿＿＿＿＿＿＿＿＿＿＿＿＿＿＿＿＿＿＿＿＿＿＿＿

＿＿＿＿＿＿＿＿＿＿＿＿＿＿＿＿＿＿＿＿＿＿＿＿＿＿＿＿＿＿＿＿＿

 **想一想**

哪些素馅食材在制作时需要去除水分？

 **做一做**

制作萝卜丝馅、素什锦馅。

任务四　荤素馅制作

任务目标

技能目标

• 了解荤素馅的分类；

• 能够熟练进行韭菜鲜肉馅、芹菜肉馅、三丁馅的制作。

知识目标

• 掌握韭菜鲜肉馅、芹菜肉馅、三丁馅的食材配比、制作过程及制作要领。

任务学习

一、荤素馅的分类

荤素馅是指将一部分新鲜蔬菜、食用菌、豆类制品、干菜与一部分肉类经加工、调味、拌制而成的馅。荤素馅不仅在口味和营养成分的搭配上比较合理，而且在水分、黏性、脂肪含量等方面也符合制馅要求，因此使用较为广泛。

荤素馅可分为生馅和熟馅两种，一般以生馅居多。生馅的具体制法就是在拌制生肉馅的基础上，再将经过焯水（或不焯水）的蔬菜剁成细末，挤干水分，掺入生肉馅中拌和而成。此外，还有用生的蔬菜和熟肉拌制成的荤素馅，其特点是可以缩短熟制时间，保持蔬菜色泽碧绿，质地鲜嫩。例如，镇江的"菜肉包子"就是用这种馅心包制而成的。

二、荤素馅制作实例

 技能训练42——韭菜鲜肉馅

（1）原料准备：

猪肋条肉 500g，韭菜 400g，酱油 20g，白糖 10g，香油 10g，盐 20g，味精 10g，料酒 10g，胡椒粉 5g，葱末、姜末各 20g。

（2）制作过程：

① 肉馅部分。将猪肋条肉洗净放入绞肉机绞成细蓉，加入酱油、白糖、盐、味精、料酒、胡椒粉、葱末、姜末拌匀。

② 韭菜馅部分。将韭菜择洗干净，控干水分，用刀切成末，用香油拌匀。

▲ 韭菜鲜肉馅——肉馅部分

▲ 韭菜鲜肉馅——韭菜部分

③ 拌馅。将肉馅与韭菜馅混合拌匀。

▲ 韭菜鲜肉馅

（3）成品特点：

韭菜鲜肉馅富有黏性，韭菜味浓。

（4）注意事项：

① 韭菜宜选用细叶韭菜。

② 韭菜应用刀切成末，切记不可用刀剁。

③ 切好的韭菜末要先用香油拌匀，不可直接与盐接触，否则易出水。

【我的实训总结】：_____

_____

_____

 技能训练43——芹菜肉馅

（1）原料准备：

猪肋条肉 500g，嫩芹菜 200g，盐 20g，味精 10g，胡椒粉 5g，白糖 20g，酱油 20g，料酒 10g，香油 5g，葱末、姜末各 20g。

（2）制作过程：

将猪肋条肉绞碎，与各种调料拌匀成肉馅。将芹菜切成碎粒，用香油拌匀，再与肉馅拌匀即成。

（3）成品特点：

芹菜肉馅馅心富有黏性，色泽美观，芹菜味浓郁。

（4）注意事项：

① 芹菜碎粒要先与香油拌匀，以防止出水。

② 可根据不同的口味酌情调整芹菜与肉的比例。

【我的实训总结】：_____

_____

_____

 技能训练44——三丁馅

（1）原料准备：

猪肋条肉 500g，鸡脯肉 150g，冬笋 150g，酱油 30g，盐 10g，味精 10g，胡椒粉 5g，香油 10g，白糖 20g，料酒 20g，猪油 100g，水淀粉 20g，葱段、姜段 20g，葱末、姜末各 20g，鸡汤适量。

（2）制作过程：

① 备料。将猪肋条肉、鸡脯肉洗净后，入冷水锅焯水，再放入汤锅中加水、葱段、姜段煮至七成熟，捞出放凉，冬笋焯水放凉。将猪肋条肉、鸡脯肉切成边约为0.7cm的丁，冬笋切成边约为0.5cm的丁备用。

② 炒制。炒锅上火加猪油烧热，下入葱末、姜末煸香，再依次下入猪肋条肉丁、鸡脯肉丁、冬笋丁煸炒，之后加入料酒、酱油、白糖、盐、味精、胡椒粉、香油、鸡汤烧沸，最后加水淀粉勾芡，待汤汁浓稠后即成。

▲ 三丁馅——炒制

▲ 三丁馅

（3）成品特点：

三丁馅熟后，馅心软硬相宜，口感软中带脆、油而不腻。

（4）注意事项：

① 三丁的大小要均匀，冬笋丁要小于猪肋条肉丁和鸡脯肉丁。

② 汤汁要适量，不可过多或过少。

【我的实训总结】：_____

_____

_____

❓ 想一想

生荤素馅的蔬菜食材在拌制时为什么要先用香油拌匀？

❓ 做一做

制作白菜鲜肉馅、雪菜鲜肉馅。

任务五　甜馅制作

 **任务目标**

技能目标

• 了解甜馅的分类；

• 能够熟练进行奶黄馅、红豆沙馅、五仁馅的制作。

知识目标

• 掌握奶黄馅、红豆沙馅、五仁馅的食材配比、制作过程及制作要领。

 **任务学习**

一、甜馅的分类

甜馅是以糖为基本食材，配以各种豆类、果仁、鲜果、干果、蜜饯、油脂、奶类等，制成的一类面点馅心。甜馅成形形态一般有泥蓉和碎粒两种，泥蓉是将食材经过蒸煮加热或焯水后，再搓擦成泥蓉；碎粒是将食材经浸泡、油炸、炒制后再剁碎成粒。甜馅按照制作特点可分为生甜馅和熟甜馅两大类。

二、甜馅制作实例

 技能训练45——奶黄馅

（1）原料准备：

黄油 600g，白糖 750g，吉士粉 75g，淀粉 200g，鸡蛋 15 个，三花淡奶 500g，椰浆 100g。

（2）制作过程：

① 备料。黄油、白糖用搅拌机搅拌均匀。将鸡蛋分次加入，搅拌均匀。

② 拌糊。将吉士粉、淀粉混合后过筛，与三花淡奶、椰浆拌匀成糊，加入打好的黄油中搅拌均匀。

▲ 奶黄馅——拌糊

③ 蒸制和搅拌。将拌好的面糊放入蒸箱中蒸制 1 小时左右，每 15 分钟取出一次，用搅拌机搅匀后继续蒸制。 蒸好后用搅拌机搅匀。

▲ 奶黄馅——蒸制

▲ 奶黄馅——蒸制中搅拌

④ 冷藏。将面糊包上保鲜膜放入冰箱中冷藏 1 小时即成。

▲ 奶黄馅——蒸好后搅拌

▲ 奶黄馅

（3）成品特点：

奶黄馅色黄鲜亮，甜香软滑，奶香浓郁。

（4）注意事项：

① 如无淀粉可以用低筋粉代替，但会影响口感。

② 蒸制时一定要每 15 分钟搅拌一次，否则易结块，影响奶黄馅的口感。

③ 盛装馅心的容器一定要干净，否则馅心易变质。

【我的实训总结】：_____

_____

_____

_____

技能训练46——红豆沙馅

（1）原料准备：

赤小豆 1000g，白糖 1200g，熟猪油 300g。

（2）制作过程：

① 煮豆。将赤小豆洗净去杂质，入锅加水浸没，用旺火煮沸后改小火焖煮。

② 制豆沙。待赤小豆煮至酥烂后，取出放凉，放入筛内搓擦去皮，再用干布挤干水分制成豆沙。

▲ 红豆沙馅——煮豆　　　　　　　▲ 红豆沙馅——制豆沙

③ 炒制。炒锅上火烧热，将白糖和熟猪油炒化，再加入豆沙炒制，待豆沙中水分基本炒干，呈黏稠状时即可。

▲ 红豆沙馅——炒制　　　　　　　▲ 红豆沙馅

（3）成品特点：

红豆沙馅色泽棕褐光亮，质地细腻，软硬适宜。

（4）注意事项：

① 煮赤小豆的水要一次加足，水烧沸后改用小火，焖煮至酥烂。

② 检验豆沙是否炒好，可用手指摸一下，如不黏手且能够搅成团即可。

③ 炒制豆沙时一定要用小火，以防焦糊。

【我的实训总结】：_____

_____

_____

 技能训练47——五仁馅

（1）原料准备：

核桃仁 200g，瓜子仁 100g，杏仁 50g，榄仁 150g，芝麻仁 150g，白糖 1000g，果脯丁（糖冬瓜 300g、橘饼 50g），桂花糖 50g，板油丁 200g，花生油 500g，糕粉 500g。

（2）制作过程：

① 备料。核桃仁、瓜子仁、杏仁、榄仁放入烤箱烤制成熟出香味，再用刀切成小粒；芝麻仁入锅炒出香味，用擀面杖碾碎备用。

② 拌馅。五仁料与白糖、果脯丁、桂花糖、板油丁、花生油、水一起混合，最后加糕粉拌匀成团即成。

（3）成品特点：

五仁馅香味浓郁，松爽香甜。

（4）注意事项：

① 果仁要新鲜，否则影响成品口感。

② 馅心加水要适量，不可过软，否则影响制品成形。

③ 糕粉要最后加入，且放置 30 分钟后才可使用。

【我的实训总结】：_____

_____

_____

? 想一想

在制作豆沙馅时，怎样检验豆沙馅已经炒好？

? 做一做

制作枣泥馅、莲蓉馅等。

**知识拓展**

调制猪肉馅的注意事项

猪肉馅是使用较多的生肉馅。要调制得可口、鲜嫩、别有风味，应注意以下事项。

1．选料。

猪肉馅应选用前夹心肉为食材。前夹心肉的特点是肉质细嫩，筋短且少，肥瘦相间，调制时吃水多，涨发性强，有肥厚之感。瘦肉与肥肉的比例一般为6∶4或5∶5，肥肉太多会使馅心产生油腻感，瘦肉太多会使馅心显得不够松嫩。

2．加工方法。

以剁成蓉为宜，肉要剁得细，不能连刀或有未剁碎的小块。有些厨师为使肉质肥美，在肉皮上剁肉，这样既可避免砧板上的木屑黏在肉蓉中，也可增加肥肉的比例。目前大多使用机器粉碎猪肉，加工速度快且效果比手工操作好得多。

3．灵活使用调料。

拌制好肉馅后如不马上使用，馅中应少放绍酒，因酒中乙醇遇热容易使肉产生酸味。可用葱、姜、胡椒粉等去腥起香。使用调料，南北方各异，在南方地区可适当增加一些糖，在北方地区则少放一些糖。

4．正确掌握吃水量。

吃水又称加水，是使肉馅鲜嫩含卤的好方法。剁成或绞成的馅一般肉质黏硬，为使肉质松嫩多汁必须适当加一些水，但要掌握好吃水量。水太少则肉馅不嫩；水太多则肉馅会出水，不易成形。吃水量一般根据肉的肥瘦及肉的质量而定。新鲜夹心肉吃水量较大，每500g可吃水200～250g，五花肉每500g吃水100～125g。加入适量水，搅拌后，肉馅呈稠粥糊状。水和调料投放要有先后顺序，一般先放盐、酱油，后放葱姜汁，否则调料不能渗透入味，而且水分也吸不进去。加水时可采用多次加入法，否则由于一次"吃"不进这么多水，会出现瘦肉、肥肉和水分分离的现象。加水后要顺着一个方向搅拌，搅动要用力，边搅边加水，搅到吃水充足、肉质起黏性为止，这就是一般所称的肉馅上劲。肉馅只有上劲了水才不会被"吐"出来。检验肉馅是否上劲，可将一小勺肉馅放入冷水里，如肉浮起来则说明已上劲，反之就没有。肉馅和好后，放入冰箱静置一二小时即可使用。加水拌馅是北方常用的方法，如著名的天津狗不理包子的肉馅就是加水搅拌的。

5．掺冻和制作皮冻的方法。

为了增加馅心的卤汁，在包馅时仍保持其稠厚状态，可以在搅拌肉馅时适当掺入一些皮冻，如小笼包子、汤包等的馅心，都掺有一定数量的皮冻。掺冻量的多少，应根据制品皮坯的性质与品种的要求而定，组织紧密的皮坯，如水调面或嫩酵面制品掺冻量可以多些，汤包的掺冻量最高，每500g肉馅掺皮冻300g左右；而用发酵面团制皮坯时，掺冻量则应少一些，每500g掺冻200g。否则汤汁太多，被皮坯吸收后，易发生穿底、漏馅等现象。

皮冻又称皮汤，简称"冻"。常用的皮冻有两种，一种是用鸡肉、猪肉、鸡爪、猪蹄等较高档的富含胶原蛋白质的食材制成。具体制作方法：将食材与水以1∶3的比例配好，烧煮、焖烂后端锅离火将食材捞出，待汤冷却凝结成冻时将其切碎投入肉馅拌匀即可。这种冻也可以直接用来做馅，如扬州汤包的馅心就是用这种冻做的，其特点是汤汁鲜美、味道醇厚，但成本较高。另一种皮冻则是用肉皮熬制而成的，其制作方法如下：将肉皮洗净，除掉猪毛，整理洗涤干净后，放入锅中，加水，将肉皮浸没，在明火上煮至手指能捏碎肉皮时捞出，然后将肉皮用绞肉机绞碎或用刀剁成粒末状，再放入原汤锅内加葱段、绍酒、姜块，用小火慢慢熬煮，并不断舀去浮起的油污直到呈黏糊状后盛出，装入洁净的容器内冷却（最好过滤一下）凝结成皮冻。皮冻的加水量一般为1∶2～1∶3，即500g肉皮可加水1000～1500g，可按气候变化增减，夏季少放一些水，以免制成的硬冻遇热融化；冬季可多放一些水制成软冻。使用时，需将皮冻再绞碎或剁碎掺入肉馅中。

▲ 猪肉馅

知识检测

一、选择题

1.蒸制奶黄馅时，必须（　　　），否则馅不细腻。

　　A.一次蒸熟　　　　　　　　　　B.中途搅拌一次

　　C.每隔15分钟搅拌一次　　　　　D.熟后快速搅拌

2.猪肉馅大多使用（　　　），即猪身前蹄上段部分的肉，又称猪前头肉。

　　A.前夹心肉　　　B.元宝肉　　　C.五花肉　　　　D.槽头肉

3.一般情况下，水打馅时每500g肉馅加（　　　）水。

　　A.150g　　　　　B.250g　　　　C.300g　　　　D.350g

4. 制作豆沙馅时，煮豆必须凉水下锅，用（　　　）烧沸后，用（　　　）来焖煮，这样不易烧煳，还易酥烂。

  A. 旺火、小火　　　　B. 小火、旺火　　　　C. 旺火、旺火　　　　D. 小火、小火

5. 调制虾仁馅，一般应选用新鲜、色青白、肉质（　　　）、有弹性的鲜虾仁为宜。

  A. 坚实　　　　　　　B. 坚硬　　　　　　　C. 细腻　　　　　　　D. 疏松

6. 制作牛肉馅应选用牛的脖肉、短脑、肋条部位，因为这些部位具有肉质老嫩适宜、丝细而短、（　　　）、吃水量多的特点。

  A. 筋少　　　　　　　B. 筋多　　　　　　　C. 无筋　　　　　　　D. 以上都可以

7. 下列选项中，（　　　）是将原料经过蒸、煮、过箩出澄沙，加糖、油制馅的加工方法。

  A. 泥蓉馅　　　　　　B. 熟馅　　　　　　　C. 白果馅　　　　　　D. 干菜馅

8. 下列属于熟咸馅的一组是（　　　）。

  A. 三鲜馅、百花馅、鱼胶馅　　　　　　B. 咖喱馅、叉烧馅、冬菜馅

  C. 肉丝春卷馅、三鲜馅、菜肉馅　　　　D. 汤包馅、鲜肉馅、咖喱馅

9. 馅心在面点工艺中具有体现面点（　　　）、影响面点形态、形成面点特色和使面点花色品种多样化的特点。

  A. 口味　　　　　　　B. 外观　　　　　　　C. 色泽　　　　　　　D. 质感

10. 广式点心的馅心选料讲究，讲究保持原味，馅心多样，味道（　　　）。

  A. 汁多味浓　　　　　B. 略甜　　　　　　　C. 清淡鲜滑　　　　　D. 鲜咸而香

二、判断题

（　　　）1. 制作甜馅的食材以碎小为好，一般分为泥蓉和碎粒两种。

（　　　）2. 炒制豆沙馅时，花生油分数次加入，不可一次加足。

（　　　）3. 素菜包特点：色泽洁白，外形褶匀美观，馅心清素适口，口味咸鲜。

（　　　）4. 豆沙包的制作要领：醒发适度，投碱量要准确，包制时要使皮厚馅少。

（　　　）5. 制作奶黄馅时，把鸡蛋在桶内打匀，加入鲜奶、白糖，待溶化后加入面粉。

（　　　）6. 制作豆沙包的食材：面粉500g、面肥200g、食用碱5g、水250g、豆沙馅75g。

（　　　）7. 肉馅以荤料为主，用力搅拌而成，有的适当掺点配料。

（　　　）8. 一般情况下，水打馅500g肉馅的吃水量为250g。

（　　　）9. 素馅特点：脆、嫩、松散、清淡不腻。

（　　　）10. 泥蓉馅是以植物果实或种子等为主要食材，加工成泥蓉，再用油、白糖炒或拌制而成的一种甜味馅。

项目六 成熟技艺

任务一 成熟的作用和标准

任务目标

技能目标
- 能够根据成熟的质量标准鉴定面点制品。

知识目标
- 了解成熟的作用和淀粉的老化现象；
- 了解成熟的一般要求。

一、成熟的作用

熟制是面点制作的最后一道工序，极为关键。成熟的目的是使面点半成品或生料成为卫生、可口、易消化、易被人体吸收的食品。从面点制作的生产技术和食品艺术角度来讲，成熟又是决定成品形态、反映品种质量和特色的操作工序之一，面点食品必须经过熟制后才能更好地体现其应有的风味特色。具体来说，成熟有以下作用。

（一）加热成熟，更有利于满足人体的营养需求

自然界形成的食品原料，必须经过充分的分解、消化才能被人体吸收和利用，成为人体需要的营养物质。大多数食物原料在加热成熟过程中都会发生复杂的物理变化和化学变化，产生分解和转化，从而更有利于被人体消化和吸收，以满足人体的营养需求。

（二）杀菌消毒，有利于食品安全

饮食是人类生存的物质条件，对食物进行杀菌消毒是保证人体安全的必要举措之一。一般来说，生的食物原料都难免带有病菌或寄生虫，通过加热成熟过程可将食物杀菌消毒，甚至能有效分解一些有害的化学残留，以确保食物食用安全。

（三）融合滋味，形成风味特色

面点成品的口味来源于3个方面：一是原料本身之味，即本味；二是外来添加之味，即调味；三是成熟转化之味，即风味。大部分面点品种都是由主料、辅料、调料或与某种食品添加料等进行调配组合而成的。这种调配组合，不仅可以形成不同的制作特性和品种特点，还可以通过加热成熟，使各种原料所特有的不同滋味相互渗透，且使原料内部结构发生变化和化学成分发生酯化反应，让成品（如虾饺、叉烧包、蟹粉蒸饺、红油水饺、龙须面等）产生独特的风味，这也是面点制品所特有的重要标志之一。

香味是风味的重要组成部分。许多食物原料，特别是粮食类原料，在没有外来强化因素的影响下，基本味比较稳定，不易产生某种引人食欲的香味。通过加热可使各种原料中的醇类、氨基酸、羰基等发生化学变化，产生新的浓郁、香醇、滋润的诱人香味，为面点风味的形成奠定基础。

（四）形成面点色泽，确定成品形态

面点的外观色泽和面点所用原料的颜色有关，是该品种能否被人们普遍接受和喜爱的视觉标志。品种的外观色泽与成熟所用方法也有很大关系，不同的成熟方法可形成不同的品种色泽，如烤面包的棕红色，炸油条的金黄色，蒸馒头的洁白色，蒸蛋糕的嫩黄色，烤蛋糕的褐黄色，等等。

随着成熟过程的完成，生坯内的变性转化、成熟运动渐渐停止，使成品形态慢慢稳定下来。这些成品形态的确定，若是按照其成形时的形态在加热中被固定下来的成熟方式，则称为定形性成熟，如花色蒸饺、象形船点等；若是在加热成熟过程中，热变后生成新形态的成熟方式，则称为变形性成熟，如桃酥、油条、开口笑等。

无论是定形性成熟还是变形性成熟，其形态变化都必须控制在制作需要的范围内，随成品要求而确定形态。把握不住这一点，就会出次品。

二、成熟的质量标准

面点成熟的质量标准随品种不同而不同。但从总体上来看，主要是色、香、味、形、质5个方面。由于具体品种不同，对色、香、味、形、质的要求也不同。

（一）色

色是指面点成熟后的颜色。采用不同的成熟方法，形成的面点颜色及要求也不相同，如蒸制品要求色泽洁白均匀，接近自然；炸、烤制品要求色泽鲜明，呈浅黄色或金黄色，没有焦煳和灰白色。无论何种面点，都应达到色泽规定的要求。

（二）香

香是指面点成熟后散发的原料特有的香味，一般有鲜香、酥香、果香、奶香、油香，以及各种馅心所散发出的香味。任何面点成熟后都要求气味正常，不带任何异味、怪味。若成熟温度偏高或时间过长，就会产生焦煳气味，不符合成熟的要求。

（三）味

味是指面点成熟后的滋味。面点成熟后均要求口味纯正，咸甜适当，爽滑适宜，不带任何不应有的酸、苦、涩、咸、哈喇等怪味和其他不良滋味，也不能有夹生、黏牙及被污染等现象，应具有自己的特色风味。

（四）形

形是指面点成熟后的形态。一般情况下要求形态饱满、均匀，大小规格一致，造型简洁，花纹清晰，收口整齐，并能保持成形时精巧的造型，没有伤皮、漏馅、斜歪、缺损等现象。

（五）质

质是指面点成熟后的质地要求。无论何种面点，都必须具有符合要求的质地。例如：酵面面点蒸制后要求质地绵软有弹性；酥点炸制后要求酥香松脆；面条煮制后要求软而筋道，等等。

三、成熟的一般要求

（一）加热温度的运用

这是指加热时产生热能的强度。成熟是通过加热来实现的，因此热能是针对加热而言的。热能的传递主要有传导、辐射、对流 3 种方式。有效地控制好加热过程中的温度，是保证成熟质量的关键。

（二）成熟时间的控制

这是控制热传递程度的有效措施。生坯成熟时间的长短与温度的控制是紧密相关的，要根据多种可变因素来及时调整和控制成熟时间。

由于成熟时间与加热温度之间的协调运用在实践中非常灵活，目前还无法规定出准确的定量数据。

四、面点制作工艺

面点制作用料广、品种多、工艺变化复杂，面点的制作工艺可归纳为以下几种。

（1）先成形后成熟：成形—成熟—成品，如水饺、提褶中包、烧卖等。

（2）先成熟后成形：成熟—成形—成品，如"驴打滚"、雪花糯米糍等。

（3）成形前重复成熟：成熟—成熟—成形—成品，如春卷等。

（4）成形后重复成熟：成形—成熟—成熟—成品，如黄金饼等。

前两种工艺属于单加热一次成熟法，后两种工艺属于重复加热成熟法。

五、淀粉的老化现象

淀粉老化现象是指富含淀粉的食物成熟（糊化）后，随着温度的下降或放置时间的延长，逐渐变为凝胶而沉淀的过程。例如，煮熟的米饭逐渐变硬，黏性消失；烤好的面包变硬，易碎、易脆；蒸熟的馒头结硬皮等。

影响淀粉老化的因素主要有以下5个。

（一）淀粉的组成

淀粉分为直链淀粉和支链淀粉。一般情况下，直链淀粉分子含量较高的食物容易发生老化现象，而支链淀粉含量较高的食物则不易老化。

（二）温度

淀粉糊化的温度一般为 60 ~ 70℃，淀粉老化在淀粉糊化后缓慢冷却的过程中就已开始。2 ~ 4℃是淀粉老化最适宜的温度，大于60℃或小于 -7℃则不易老化。

（三）水分

食物含水量为 30% ~ 60% 时最易老化，当含水量在 70% 以上或者在 10% 以下时不易老化。

（四）pH值

食物的 pH 值小于 4 或大于 7 时不易老化。

（五）蛋白质的影响

面粉中的蛋白质含量为 9% ~ 13%，蛋白质含量高的面粉所制成面点的老化速度明显减慢。

? 想一想

1. 成熟的作用有哪些？

2. 成熟后的质量标准有哪些？

任务二　基本成熟法（一）

 **任务目标**

技能目标

- 掌握蒸制成熟技法，并能运用蒸制成熟技法制作5种以上面点品种；
- 掌握煮制成熟技法，并能分别运用出水煮、带水煮技法制作两种以上面点品种；
- 掌握烘烤成熟技法，并能运用电热烘烤技法制作5种以上面点品种。

知识目标

- 了解蒸、煮、烘烤的概念；
- 了解蒸、煮、烘烤制品的特点。

任务学习

面点成品特色的最后形成必须依靠成熟来实现，不同特色的品种，需要用不同的方法来成熟。不同原料的品种，又具有不同的成熟顺序和方式。成熟方法可分为基本成熟法、其他成熟法两大类，行业中常用的基本成熟法有蒸、煮、烘烤、炸、煎、烙、炒7种。下面主要介绍前3种。

一、蒸

（一）蒸的概念

蒸是指将制品生坯放在蒸笼内，在常压或高压下利用蒸汽热对流使生坯成熟的一种方法。在面点制作中，蒸的运用较为广泛，一般适用于水调面团中的温水面团、热水面团、膨松面团和米粉面团等制品的成熟。

（二）蒸的特点

（1）适用性广，能保持成品形态的相对完整。

（2）能使有馅品种的馅心细腻、多汁、鲜嫩。

（3）成品口感松软，含水适中，易被人体消化吸收，老少皆宜。

（三）蒸的注意事项

（1）锅内水量适量，有利于产汽充足。水量过多会在水沸后浸湿生坯；水量过少产汽不足，影响成熟，甚至会出现干锅现象。

（2）掌握成熟的数量。由于水锅内产生的蒸汽热量和压力是有限的，所以一般每次最多放5层蒸笼。

（3）不同口味的制品不能摆在同一层里，否则会串味。

（4）恰当掌握成熟时间。应根据制品的大小、有无馅心，设定其成熟时间，必须灵活掌握。例如，蒸包子、蒸大米等的时间就不一样，时间过短会使成品黏牙不熟；时间过长则会使成品形态坍塌，无光泽，或色泽深。

二、煮

（一）煮的概念

煮是指将生坯料放入水锅内，利用水的传热对流作用使制品成熟的一种方法。它是较常用的成熟方法之一，常用于冷水面团、米粉面团和杂粮面团制品的成熟。

根据其成品的特点又分为出水（汤）煮成熟和带水（汤）煮成熟两种。

出水煮主要用于面点半成品的成熟，如面条、水饺、馄饨等。

带水煮是指将原料按成品的要求与清水或汤汁一同放入锅内煮制的一种成熟方法。

（二）煮的特点

出水煮的特点：

（1）吃口爽滑，能保持原料的软韧风味。

（2）有利于除去部分半成品内添加物的异味，如碱味、盐味等。

（3）有利于灵活变化口味特色，适用性较广。

带水煮的特点：

（1）汁入味、口味浓厚，有利于突出原料的风味。

（2）使主料和辅料的各种口味融为一体。

（三）煮的注意事项

（1）水沸下锅，防止营养流失。水沸后易使生坯迅速受热，成熟快，避免营养成分大量水解而流失。

（2）注意下坯数量及成熟时间。下坯数量与锅内水量、制品成熟时间都密切相关，制品一旦成熟应立即出锅，否则会导致煳烂、漏馅，甚至煳锅。

三、烘烤

（一）烘烤的概念

烘烤是指将成形的面点生坯或半成品放入烤炉中，通过传导、辐射、对流3种传热方式使面点成熟的一种方法，又称烘焙或焙烤。成品具有失水较多，口感松、香、酥的特点。

根据烘烤时采用热源的不同，一般可分为明火烘烤和电热烘烤两种方法。

1. 明火烘烤

明火烘烤是指用燃烧火产生的热能使生坯成熟。通常以煤或炭火为主，温度升高较快，炉内温度一般都在200℃以上，高的甚至达300℃。许多传统风味品种的成熟都使用明火烘烤，如烧饼。

2. 电热烘烤

电热烘烤是指用电作为热源，通过红外线辐射使生坯成熟。电热烘烤箱大都装有温度显示器、调节器、自动控制装置、报警装置等，操作起来十分方便，运用范围很广。电热烘烤一般用于蛋糕、面包、酥饼等烤制品种。

（二）烘烤的特点

1. 明火烘烤的特点

（1）炉体温度较高，火候不易掌握。

（2）成品失水快、多，吃口松酥，便于携带，耐存放。

（3）应用于饮食业中传统产品的小型生产，成本较低。

2. 电热烘烤的特点

（1）适用范围较广，操作方便，成熟效果好。

（2）清洁卫生，劳动强度低，生产效率高。

（3）成品失水较多，口感松、香、酥，老少皆宜。

（三）烘烤的注意事项

1. 明火烘烤的注意事项

（1）正确选用火力。明火烘烤是面点熟制方法中技术较为复杂的一种，其难度主要是火候的运用。这是因为烤炉或烤箱内各处的火力对面点的影响各不相同，而面点制品对火力的要求也各不相同。有的要求大火，有的要求小火，有的要求中火。即使是同一品种，烤制整个过程对火力的要求也不一样，需要在烤制过程中不断地变换炉温，因此烤制面点时要根据具体的面点品种正确选用与面点要求相符的火力，保证面点熟制后的质量。

（2）适当控制炉温。每个面点品种对炉温的要求不同。如果炉温过低，水分受长时间烘烤而散失，则使制品组织粗糙、口感干硬；如果炉温过高，烘烤时间短，则制品内部不易成熟。烘烤时间长还会使成品产生焦煳现象。因此，不但要控制好炉温，还要善于调节炉温。一般情况下，大多数品种都采取"先高后低"的方法，既要使其内外成熟度一致，又要使成品具有美观的色泽。

（3）掌握烤制时间。烤制时间应根据面点的形态确定。体积大、厚度大的品种，其烤制时间较长；体积小、厚度小的品种，其烤制时间较短。烤制时间和炉温是紧密联系、相辅相成的，若烤制时间长，则炉温应相对低一些，反之炉温则要高一些。对烤制时间的掌握是一项灵活的技术，需要操作者具有一定的实践经验。

2. 电热烘烤的注意事项

（1）严格控制烤箱温度。烤箱温度的控制应根据各种可变因素灵活、熟练地运用，生坯入箱前的预热温度一般应稍高些，当生坯入箱后则要根据品种成熟的要求调整温度。例如烘烤面包时，应先使烤箱预热，当温度上升到250～280℃时，放入生坯后温度应立即调整为200～240℃。有时还需要在烤制过程中不断地变换炉温，如在烤核桃酥时，必须先用上火160℃、下火150℃将制品烤至成饼状时，才升至上火180℃使其定形、变脆，否则若入炉温度太高，马上定形则不能使制品成为饼状；若入炉温度太低，则会造成泻油而无法成形。因此，及时调节是控制烤箱温度的关键。

（2）控制底火、面火温度。底火主要对制品的成熟度有影响，而面火主要对制品的着色度有影响。因为成品各部位的色泽要求不同，所以受热要求也不同，大多数烘烤品种在成熟中都对底火、面火有要求。这是体现成品色泽、反映成熟质量不可忽视的一项操作技术。

（3）掌握烘烤时间。一般电热烘烤的成熟时间比较有规律，但必须根据生坯品种来确定。面点品种多种多样，成熟时间的差距也很大。薄、小、无馅的生坯，需要3～5分钟即可成熟；厚、大、带馅的生坯，则需要15～30分钟才能成熟。

❓ **想一想**

煮饺子为什么要"点水"？在家煮饺子时比较一下"点水"和不"点水"制品的差异。

❓ **做一做**

掌握煮、蒸、烘烤的操作方法及要领，动手制作馄饨、水饺、烫面饺、秋叶包、黄桥烧饼等制品，并总结它们成熟前与成熟后的变化。

任务三　基本成熟法（二）

任务目标

技能目标

- 掌握油温的鉴别及炸制成熟技法，并能运用炸制技法制作5种以上面点品种；
- 掌握煎制成熟技法，并能分别运用油煎、水油煎技法制作一种以上面点品种；
- 掌握烙制成熟技法，并能分别运用干烙、油烙和水烙技法制作一种以上面点品种。

知识目标

- 了解炸、煎、烙及炒的概念；
- 了解炸、煎、烙及炒的制品特点。

任务学习

一、炸

（一）概念

炸是指以油为传热介质，操作时将半成品投入温度较高、油量较多的锅中，利用油脂的热对流作用使制品成熟的一种方法。

（二）炸制的特点

因为油脂能耐250℃以上的高温，所以炸制品具有色泽亮洁，口味香、松、酥、脆等特点。炸的使用很广泛，主要用于各种面团的成熟，如春卷、油条、麻花、粢饭糕、炸糕、油酥饼等。

使用的油温过高，会使点心成品表面很快变焦而内部不熟；如油温过低，则面点成品吸油过多，成品容易散碎，色泽不良。要对油炸技术进行良好的运用，必须掌握好油烧热后油温的变化。油温的变化在面点行业内一般用直观鉴别的方法进行判断。

根据油温的高低炸制的方法，一般分为温油炸（汆）和热油炸两种。温油炸温度要求在80～120℃，热油炸温度要求在150～250℃。炸制的具体方法如表6-1所示。

表6-1 各种炸制要求的具体操作方法

行业俗称	具体油温	具体特点	相应油温图片	适宜品种
三四成	90～120℃	油在锅内受热后，开始在锅内微微滚动，同时发出轻微的吱吱声，为油脂内水分开始挥发		荷花酥、眉毛酥、开口笑等
五六成	150～180℃	锅内油的滚动由小到大，声音慢慢消失，这时油脂内水分基本挥发完毕		萨其马、烫面炸糕等
七八成	210～240℃	当烧至油面上有白烟冒起时，可以判定此时油温		油条、春卷等
九成左右	270℃左右	油的滚动逐渐停止并且油面有青烟冒起时，可以判定此时油温		由于油温过高，接近燃点，一般不宜使用

（三）炸制的注意事项

1. 正确选择油脂

炸以油脂为导热介质，油脂的品种有很多，并且各种油脂的性质也不一样，因此炸制时需根据制品要求正确选用油脂。一般以植物油为主，不用或少用动物油，因为动物油脂中含有丰富的磷脂，加热后颜色容易变深发黑，使成品色泽不美观。植物油尤其是精制油，其杂质少、无异味，发烟点低，较耐高温，其炸制成品色泽较浅，是比较理想的油脂。但不管选择何种油脂，油脂必须清洁纯净，不能有杂质和水分，否则会影响热传导效果或污染制品，影响面点质量。若选择精制油以外的植物油，则先要熬制使其变熟，去除其自身的异味后才能使用。

2. 油量要多

炸制法要求油量要多，制品不但要全部浸没在油中，还要有较大的活动余地。如采用温油炸，因面点生坯质地较松软，油量不多则易碎。如用热油炸，油温高，成熟速度快，有的面点还要膨胀，体积增大，若油量少就会造成成品呈鸳鸯面，色泽不均匀，成熟不一致，严重影响质量。

3. 适当控制火候

火力的大小决定了油温的高低，火大则油温升高速度快，火小则油温升高速度慢。如火过大，油温升得太高，就很难下降，会造成制品的焦化。因此，在炸制面点时，要根据成品的要求适当控制火候，宁可延长油温升高的时间（开中火），也不要使油温过高，以防面点焦煳而影响质量。一般情况下，火力可先稍大，待油温升至所需温度时将火力转小。

4. 正确掌握油温

炸制生坯时一般都把油加热到150℃以上，有的甚至加热到200℃左右才下生坯。这样才能使面制品的外壳迅速凝结，形成香、松、酥、脆的风味。若下锅时油温过低，则会使制品色泽发白，软而不脆，并且会延长成熟时间，使成品僵硬不松，影响口感和口味，但油温过高则会造成外焦里不熟。因此，油温的运用要根据品种的不同而区别对待。例如，同样是油酥面团中的明酥点心，炸制眉毛酥的油温就要比宣化酥高一点。如不能很好地掌握制品的油温要求，成品的起酥层就会出问题，温度太低易脱馅，温度太高会并酥，因此油温是影响成品质量十分关键的因素。

5. 适当掌握加热时间

炸制面点时，为了保证成品质量，必须根据品种形状的特点、油量、火力大小、油温高低，恰当地掌握加热时间。若炸制时间过长，则成品颜色深，制品易焦煳；时间过短，则成品色淡，含油重，不起酥，甚至夹生。只有充分掌握品种、油量、火力、油温等各方面因素，才能使成熟恰到好处。

6. 用油清洁

用于炸制的油脂必须清洁无杂质。若油脂不清，则会影响热的传导，并污染生坯，影响成品的色泽和质量。

另外，油经高温反复加热后，会产生一系列的变化，各种营养物质遭到极大的破坏，甚至会产生大量的致癌物质。若长期使用这些油来炸制食品，则会对身体产生危害。因此，炸油不能反复使用。

7. 熟练掌握炸制技术

炸制操作过程中温度较高，危险性较大。稍有不慎，则后果不堪设想。因此在操作时，注意力要集中，应善于观察变化中的工艺流程，手法轻重、快慢适当，确保成品色泽和质量一致，避免发生人身伤害和质量事故。

二、煎

（一）煎的概念

煎是指以少量的油在平底锅上加热，放入生坯后主要通过对流和传导两种传热方式使生坯成熟的一种方法。煎制成品具有香、软、油润光亮等特色。煎制受品种及口味特色要求的制约，加热时运用的方式也不尽相同。在实际操作中，一般有油煎和水油煎两种方法。

1. 油煎

油煎主要是指以油作为传热介质，通过铁锅的传递使生坯受热成熟的一种方法。操作时先将较少量的油加入平底锅中，通过加热使生坯在受锅底热与油温热的双重热之下成熟。油煎主要适用于半成品生坯成熟及成品复加热。

2. 水油煎

水油煎是指以油、水两种物质作为传热辅助介质的特殊成熟方法，具有煎、蒸双重特色。

（二）煎的特点

1. 油煎的特点

制品具有色泽油润光亮、口感外香里软的特点。常见的油煎品种有煎馄饨、河南香椿煎饼、福建的煎米糕等。由于油煎用油较少，一般锅内的油量不能超过生坯厚度的1/2，生坯受热面较小，因此传热效果不如大油量的炸制，其成熟时间比较长。

2. 水油煎的特点

水油煎操作方法和使用工具与油煎基本相似，其区别是，水油煎加热时，适当加入了少量水，使成品更易于成熟。用此种方法制作的成品集脆、香、软等于一体。水油煎一般适合煎制生煎包、锅贴、牛肉煎包等坯体较厚、带有馅心的面点品种。

（三）煎的注意事项

1. 油煎的注意事项

（1）控制生坯的厚度。油煎制品因油层较薄，因此应控制生坯的厚度，以防止成品夹生。生坯与生坯之间应有一定的空间，以使其在加热过程中有膨胀的余地，否则易造成生熟不均匀。

（2）适当掌握油量。油作为煎制的辅助传热介质，在成熟中具有重要的作用。但由于原料的特性、制品厚薄及品种特色等不同的因素，用油有多有少，必须根据每一品种的具体情况而定。用油过多或过少都不利于品种的成熟和特色的形成。

（3）保持热能均衡。在油煎制作中火候的运用很重要，一般是以小火为主，生料下锅前或刚下锅时火可以大些，油温一般控制在130℃左右。这样能使生坯在热锅温油中有较长的受热时间，通过渗透使生坯成熟。油煎因操作方便，故使用范围较广。

2. 水油煎的注意事项

（1）适当掌握油与水的用量。油和水在水油煎的过程中分别起着不同的作用。油主要起防止黏锅、增色、保护生坯表面不糊化的作用；而水在成熟中具有汽化、热对流、促进生坯成熟的作用。因此，油与水的用量及加油、加水的时机都与成熟和成品特色有密切的关系。若加水过早、过多，则会使生坯糊化；反之，则会使生坯焦煳或不易成熟。加水量一般以淹没制品厚度的 1/3 ~ 1/2 为宜。

（2）注意火候的运用，掌握成熟的时间。水油煎的火候运用一般以中、小火为主，火力要均匀，有利于制品成熟，并应恰当掌握成熟的时间。当油煎加入水后，需要加上盖子，以汽化形成的蒸汽温度促进其成熟。除翻坯、加油和加水外，不应开启盖子，以免影响制品成熟。

（3）排坯要有次序，操作要熟练。生坯下锅时，不仅要摆放整齐，而且要有次序。一般情况下，炉灶的火力是中间大、四周小，因此锅烧热后，中间的锅底温度及油温比四周高。摆放生坯时，应从四周向中心排列；加热时从低温到高温，否则易造成一锅成品色泽不均匀的现象。并且要根据火力分布的情况，及时调换锅体的位置，如需翻坯的时候还要及时翻坯，以保证成品的质量。

水油煎制品适合热吃，一般适合现做、现卖、现吃。

三、烙

（一）烙的概念

烙是指通过金属受热后的热传导使面点生坯成熟的一种方法。烙的热量来自受热后的锅体。烙制时把半成品生坯放入平底锅内，架于炉火之上，并使生坯的表面反复接触锅面受热，直至成熟为止。烙制品大多具有皮面筋韧，内部柔软，色呈淡黄或褐色的特点。烙制法适用于水调面团、发酵面团、米粉面团、粉浆面团等制品，常见的品种有家常烙饼等。由于烙制品种的特点和要求不同，烙制的工艺也有所不同，一般分为干烙、油烙和水烙3种。

1. 干烙

干烙是指在加热时直接将半成品或生坯放在特制的金属板或平底锅上加热，使之成熟的一种方法。在烙制过程中，既不刷油，也不洒水。对于干烙制品，一般在制品成形时加入油、盐等（但也有不加的，如发面饼等）。

2. 油烙

油烙的操作方法和要领与干烙相似，区别在于，在油烙的过程中，要在锅底刷少许油（油量比油煎法少），每翻动一次就刷一次；或在制品表面刷少许油，也是翻动一面刷一次。

3. 水烙

水烙的操作方法：在铁锅底部加水煮沸，将生坯贴在铁锅边缘（但不碰到水），然后用中火将水煮沸，既利用铁锅传热使生坯底部烙成金黄色，又利用水蒸气传热使生坯表面松软滑嫩。

（二）烙的特点

1. 干烙成品的特点

干烙成品的特点是皮面香脆，内里柔韧，色呈黄褐色，吃口香韧，耐饥，富有咬劲，便于携带和保存。常见的干烙品种有春饼、河南烙饼等。

2. 油烙成品的特点

油烙成品的特点是色泽金黄，皮面香脆，内里柔软而有弹性。常见的油烙品种有葱油家常饼、韭菜盒子等。油烙的操作要领与干烙基本相似，但需注意油量与油质。刷油只是为提高成品的口感，若油刷多了则变成煎了。最好选用质量较好的油，如无杂质、无异味的精制油。

3. 水烙成品的特点

水烙成品的特点是不仅具有一般蒸制品松软的特点，还具有干烙制品的干、焦、香等特点。例如，江南的米饭饼和玉米饼子就是利用水烙的方法熟制的。在操作时，水烙一般不需要翻坯移位。

（三）烙的注意事项

1. 干烙的注意事项

（1）烙锅必须干净。为保证成品的质量，必须将锅洗净，因生坯直接在锅上烙熟。若锅不干净，则影响成品的色泽和外观。

（2）掌握火候，保持锅面温度适当。烙制不同的生坯要运用不同的火候，才能使锅面温度适当。薄饼类，火力要较旺；较厚或带馅的生坯，火力要适中或稍低，以保证生坯成熟及达到成品特色形成的温度要求。温度过高、过低都会影响制品的成熟。

（3）及时移动锅体和生坯的位置，及时翻坯。烙制生坯时，常需进行三翻四烙、三翻九转等移动锅体和生坯的位置操作，俗称"找火"，以促进成熟，使锅体受热均匀，并可防止出现锅热处焦煳、锅温低处夹生的现象。如炉火过旺无法找火，则要采取压火、离火等措施，以保证烙制过程的正常进行。

2. 油烙的注意事项

（1）注意用油量。烙主要是靠金属传热使制品成熟，用油目的主要是着色、增香，采用薄薄一层的油量即可。

（2）掌握火候。薄饼类，火力要较旺；较厚或带馅的生坯，火力要适中或稍低；必要时需移动锅体、生坯的位置，使火力均匀，保证制品成熟均匀。

3. 水烙的注意事项

（1）水烙适用于体积较大、难以成熟的制品。一般是向锅中加入清水，利用水蒸气和金属同时传热，制品成熟速度快，且成熟后不会过分干硬。

（2）加水一次不宜过多，以防止制品表面黏糊。一般采取少量分次加水的方式，并加盖增压，以促进制品成熟。

四、炒

（一）炒的概念

炒是以油为主要传热介质，将小型原料用中旺火在较短时间内加热、调味成熟的一种方法。在面点成熟中多用于将原来已加工成熟或半成熟的制品再利用少量油进行加热、增香、调味后形成另一种风味的操作，又称复加热成熟。

炒可以随原料、调料及成熟技巧等的不同而形成各种不同的风味，是对形成成品色、香、味、形均起着重要作用的一种方法，具有成品口味富于变化的特点。

炒常用于各种地方风味品种的成熟，如蛋炒饭、炒面条等。

（二）炒的特点

（1）工艺技术性很强，操作必须熟练。

（2）成品口味富于变化。

（3）具有菜点合一的美味感。

（三）炒的注意事项

（1）应具有熟练的勺工和翻拌技术。

（2）准确控制火候。

（3）正确掌握调料配置与成熟时间。各种基本成熟法的特点和使用方法如表6-2所示。

表6-2　各种基本成熟法的特点和使用方法

成　熟　法		热传递方式	工艺特点	制品特点	适用品种
蒸	隔水蒸	对流	用小锅水蒸气蒸熟	成品口感松软，含水适中，易被人体消化吸收，老少皆宜	包子、馒头
	汽锅蒸	对流	用锅炉水蒸气快速蒸熟		米饭、包子
煮	出水（汤）煮	对流	用大水量煮熟	成品吃口爽滑，保持原料的软韧风味	水饺、汤圆、馄饨
	带水（汤）煮	对流	用小水量煮熟	汤汁入味、浓厚，主料与辅料的口味融为一体	八宝粥、绿豆汤、杏仁奶露
烘烤	明火烘烤	辐射	用火焰烤熟	色泽鲜明，酥纹清晰，形态美观，口感松、香、酥，营养价值较高，老少皆宜	烧饼、油旋
	电热烘烤	辐射	用电热能烤熟		面包、油酥（暗酥）品种
炸	温油炸	对流	用大量油、较低油温炸熟	色泽洁白，酥纹清晰，酥香化渣	油酥（明酥）
	热油炸	对流	用大量油、高油温炸熟	色泽金黄，酥脆香嫩	油条、春卷
煎	油煎	传导	用小量油煎熟	色泽油润光亮，外香里软	煎锅饼、韭菜盒子
	水油煎	传导、对流	用小量油、水煎熟	具有煎、蒸双重特色，集脆、香、软于一体	锅贴、生煎馒头
烙	干烙	传导	用金属热传导烙熟	皮面香脆，内里柔韧，呈黄褐色	春饼、薄饼
	油烙	传导	用金属热传导、油热传导烙熟	色泽金黄，皮面香脆，内里柔软而有弹性	葱油饼
	水烙	传导、对流	用金属及水蒸气传导烙熟	具有干烙、蒸双重特色，干、香、外焦内松软	米饭饼、贴饼子
炒		传导、对流	用勺翻炒至熟	口味富于变化	炒面、各式炒饭

？ 想一想

1. 成熟的温度与哪些因素有关？

2. 水油煎和水烙成熟有哪些差异？又有哪些共性？

？ 做一做

　　掌握炸、煎、烙、炒的操作方法及要领，动手制作油条、麻花、生煎包、锅贴、扬州炒饭等制品，并总结成熟前与成熟后的变化。

任务四 其他成熟法

任务目标

技能目标

- 掌握煮炒成熟技法,并能运用煮炒成熟技法制作两种以上面点品种;
- 掌握蒸炸成熟技法,并能运用蒸炸成熟技法制作两种以上面点品种;
- 掌握蒸煎、煮煎成熟技法,并能分别运用蒸煎、煮煎成熟技法制作一种以上面点品种。

知识目标

- 了解煮炒、蒸炸、蒸煎、煮煎的概念;
- 了解煮炒、蒸炸、蒸煎、煮煎的一般工艺流程;
- 了解微波成熟法的概念、特点及注意事项。

任务学习

一、综合成熟法

综合成熟法又称复合加热法,它是经过两个或两个以上的加热过程,使制品完全成熟的熟制方法。因为综合成熟法运用了两种或两种以上的成熟方法,所以能使成品具有所用方法应形成的特点、口味和特殊风味。

综合成熟法的种类很多,也很复杂,这里仅介绍常见的几种。

(一)煮炒

煮炒是指运用煮和炒使面点制品成熟的一种方法。它是将生坯制品先煮制成半成品后,再炒制成熟的一种综合成熟法。炒制时还经常配以辅料和调料。常见的煮炒品种有肉丝炒面、爆炒刀削面等。

煮炒的一般工艺流程如下:

水烧开后入生坯 $\xrightarrow{\text{加热、调味}}$ 半成品出锅 $\xrightarrow{\text{加热、点水}}$ 入炒锅 $\xrightarrow{\text{冷却}}$ 成熟出锅

（二）蒸炸

蒸炸是指运用蒸和炸使面点制品成熟的一种方法。它是将生坯制品先蒸制成八九成熟后，再入油锅炸制成熟的一种综合成熟法。常见的蒸炸品种有粢饭糕等。

蒸炸的一般工艺流程如下：

$$\text{生坯入蒸锅}\xrightarrow{\text{加热}}\text{半成品出锅}\xrightarrow{\text{加热}}\text{入炸锅}\xrightarrow{\text{冷却}}\text{成熟（金黄色）出锅}$$

（三）蒸煎

蒸煎是指运用蒸和煎使面点制品成熟的一种方法。它是将生坯制品先蒸制成八九成熟后，再入平底锅煎制成熟的一种综合成熟法。常见的蒸煎品种有香煎萝卜糕、煎年糕等。

蒸煎的一般工艺流程如下：

$$\text{生坯入蒸锅}\xrightarrow{\text{加热}}\text{半成品出锅}\xrightarrow{\text{冷却}}\text{入煎锅}\xrightarrow{\text{加热}}\text{成熟（两面金黄）出锅}$$

（四）煮煎

煮煎是指运用煮和煎使面点制品成熟的一种方法。它是将生坯制品先煮制成八九成熟后，再入平底锅煎制成熟的一种综合成熟法。常见的品种有香煎馄饨、煎饺子等。

煮煎的一般工艺流程如下：

$$\text{水烧开后入生坯}\xrightarrow{\text{冷却}}\text{半成品出锅}\xrightarrow{\text{加热}}\text{入煎锅}\xrightarrow{\text{加热}}\text{成熟（金黄色）出锅}$$

综合成熟法除以上介绍的几种外，还有很多。操作者可根据品种的需要灵活运用各种成熟方法，并进行合理配合，以制作出更多、更好的面点制品。

二、微波成熟法

微波成熟法是近年来国内外较为普及的一种成熟方法。它是利用微波（其波长范围为 1mm ~ 1m）穿透制品，使制品的极性分子运动，产生热能，从而使食物由冷变热、由生变熟的成熟方法。微波成熟法与其他成熟方法所不同的是，微波加热制品是里外受热一致、瞬时升温的。

微波有以下 3 个主要特性。

（1）反射性。微波碰到金属会被反射回来，所以加热食物时不能使用金属容器。微波炉的内壁用钢板制成，一方面是为了防止微波向外泄漏，另一方面是内壁的反射作用可使微波来回多次穿透食物，提高热效率。

（2）穿透性。因微波对一般的陶瓷、玻璃、耐热塑胶、木器等具有穿透作用，故用这些材料制成的器皿盛放食物加热时，能快速制熟，而容器不发热。

（3）吸收性。微波容易被含有水分的食品吸收而转变成热能。微波穿透食物的深度一般为 2 ~ 4cm，且其作用力随着深度的增加而减弱，所以直径大于 5cm 的食物可采取刺洞的方法增加微波的触及表面或切成小于 4cm 厚的薄片。

（一）微波成熟法的特点

1. 省时快速，降低成本

微波炉独特快速的加热方式是直接在食物内部加热，几乎没有热散失，具有很高的热效率。一般情况下，用微波炉加热食物只需常规加热时间的 1/3 ~ 1/2。因此，利用微波炉加热食物的成本比常规成熟法的成本要低。

2. 使用安全，操作方便

一般情况下，使用微波炉加热食物是很安全的。这是因为微波处在密封环境中，不会泄漏，当炉门打开时，微波炉立即停止工作。因此，避免了微波对人体的危害，同时又避免了常规法容易造成的烫伤等事故。使用微波炉加热食物非常方便，程序简单，可直接利用玻璃、陶瓷、塑料制品餐具加热。

3. 保存营养，清洁卫生

用微波加热，由于时间短，又很少用水等介质，因此不会破坏食物中所含的对人体有益的各种维生素及营养成分，最大限度地保存了食物的营养价值。同时，由于整个加热过程均处于密封状态，只有食物发热，因此它具有加热快、高效节能、不污染环境、保鲜度好等优点。

4. 微波成熟法的缺点是影响食物的色泽、风味等

由于微波加热时食物表面温度太低，受热时间短，因此制品的色泽较淡，不易形成外脆里嫩的特色，也无烘烤食物所产生的干香。

（二）微波成熟法的注意事项

1. 注意安全

一般微波炉都设有安全装置，但由于微波炉利用电源作为产热能源，因此要防止炉体外箱漏电。当微波炉工作异常时，不应继续使用，以防意外事故的发生。

在微波炉工作时，应远离炉体，虽然有安全防护装置，但仍要防止万一发生微波辐射伤害人体的意外事故。同时，由于人眼对微波十分敏感，所以不要将眼睛紧靠微波炉 5 cm 之内去观看，以免受到不必要的伤害。

不得空载使用微波炉。当炉膛内没有食物时启动微波炉，往往会损坏磁控管。

2. 注意器皿的选择

使用微波炉加热时，要用耐热的玻璃、陶瓷或耐热塑料做成的容器盛放食物。绝对不能使用金属或搪瓷容器，也不能用带有金属花纹的容器盛放食物。因为微波与金属接触会产生火花，发生危险，严重时还会损坏磁控管。瓷器器皿应选择质地细致的；

玻璃器皿应选择无裂纹的；塑料器皿应选择硬质的；纸杯、纸盘应选择无色的等。另外，不要使用表面有油漆的竹、木器皿，以防止油漆脱落而污染食物。

3. 注意严格控制加热时间

由于微波加热速度快、热效率高，因此应根据具体情况严格控制加热时间。

对体积过大的食物，应当均匀分解（肉类为3cm左右，其他食品为5～7cm），以免食物生熟不均。加热整只鸡、鸭等大件食物时，最好在加热一段时间后，将食物翻个身，使其各部位均匀受热。同时还应注意，在食物取出后还有一段后熟时间。

4. 注意加热食物的选择

微波炉不适于加热液体类食物，如水、牛奶等；不适于加热密封的食物，如袋装、瓶装、罐装食品；不适于加热带皮、带壳的食品，如栗子、鸡蛋等，否则易引发爆炸，污染或损坏微波炉。

想一想

1. 你最喜欢吃的面点制品采用的是什么成熟方法？
2. 你所在地的特色面点有哪些？各是采用什么方法成熟的？
3. 在家庭中如何使用微波炉？烤鸭店、烧鸡店等店中微波炉的用途是什么？

做一做

根据具体条件，采用煮炒、蒸炸、蒸煎、煮煎的成熟方法，各制作一款面点制品。

知识拓展

面点风味的形成

面点风味主要是指人体各感官对面点色、香、味的具体感受。风味物质的产生主要有以下几个途径。

（1）酯化反应。酯化反应是一类有机化学反应，是醇与羧酸或含氧无机酸生成酯和水的反应。典型的酯化反应有乙醇和醋酸的反应，生成具有芳香气味的乙酸乙酯，这就是烹饪时加料酒的原因。

（2）美拉德反应。1912年，法国化学家Maillard发现甘氨酸与葡萄糖混合加热时形成褐色的物质。后来，人们发现这类反应不仅影响食品的颜色，而且对其香味的形成也有重要作用，并将此反应称为美拉德反应，又称非酶褐变反应。面点成熟采用煎、烙、烘烤、炸等方法所形成的焦黄色、黄褐色等都属于此类反应。

（3）焦糖化反应。糖类尤其是单糖在没有氨基化合物存在的情况下，加热到熔点以上的高温（一般是180℃以上）时，因糖发生脱水与降解，也会发生褐变反应，这种反应称为焦糖化反应。焦糖化反应在酸、碱条件下均可进行。糖在强热的情况下生成两类物质：一类是糖的脱水产物，即焦糖或酱色物质；另一类是裂解产物，即一些挥发性的醛、酮类物质，它们进一步缩合、聚合，最终形成深色物质。炒糖色即利用了该反应。

知识检测

一、选择题

1. 以下不属于面点成熟质量标准的是（　　）。

　　A. 色　　　　　　　B. 香　　　　　　　C. 味　　　　　　　D. 意

2. 面点制品采用煎的方法进行熟制时，油温一般控制在（　　）℃。

　　A. 90　　　　　　　B. 100　　　　　　　C. 130　　　　　　　D. 150

3. 以下关于电热烘烤操作要领的描述中不正确的是（　　）。

　　A. 严格控制烤箱温度　　　　　　　B. 控制底、面温度

　　C. 掌握烘烤时间　　　　　　　　　D. 熟练掌握勺工技术

4. 以下关于炸制操作要领的叙述中不正确的是（　　）。

　　A. 正确选择油脂　　　　　　　　　B. 适当控制火候

　　C. 炸油可以反复使用　　　　　　　D. 熟练掌握炸制技术

5. 锅贴采用的成熟方法是（　　）。

　　A. 油煎　　　　　　B. 水油煎　　　　　　C. 油烙　　　　　　D. 油炸

6. 糕饼类制品中小苏打适用的烤制温度是（　　）。

　　A. 高温　　　　　　B. 低温　　　　　　C. 先高温再低温　　　　D. 先低温再高温

7. 在下列面点中属于先蒸后煎的品种是（　　）。

　　A. 煎年糕　　　　　B. 锅贴　　　　　　C. 煎包　　　　　　D. 生煎馒头

8. 炸制酥皮点心时，一般应采用（　　）油炸。

　　A. 低温　　　　　　B. 中温　　　　　　C. 稍高温　　　　　　D. 高温

9. 烤制面点时，炉温一般控制在（　　）℃。

A. 140～160　　　B. 160～180　　　C. 150～250　　　D. 250～300

10. 在所有成熟方法中，营养损失相对较小又易被人体消化吸收的方法是（　　）。

　　A. 蒸　　　　　　B. 煮　　　　　　C. 炸　　　　　　D. 烙

11. 下列成熟方法以热传导作为热传递方式的是（　　）。

　　A. 出水（汤）煮　B. 温油炸　　　　C. 干烙　　　　　D. 汽锅蒸

12. 水的沸点与大气压力密切相关，在一个标准大气压下，水的沸点是（　　）℃。

　　A. 80　　　　　　B. 90　　　　　　C. 100　　　　　　D. 120

13. 面点风味的核心是（　　）。

　　A. 色泽　　　　　B. 形态　　　　　C. 滋味　　　　　D. 质地

14. 在下列制品中用单加热法制熟的品种是（　　）。

　　A. 回勺面　　　　B. 炸春卷　　　　C. 伊府面　　　　D. 馅饼

15. 在面点烘烤中，易与蛋白质发生美拉德反应、形成诱人色泽的糖是（　　）。

　　A. 乳糖　　　　　B. 麦芽糖　　　　C. 蔗糖　　　　　D. 果糖

16. 适当加热可使原料中的酶类失去活性，防止褐变，而（　　）又可得到较好的效果。

　　A. 微波加热　　　B. 高温加热　　　C. 长时间加热　　D. 低温加热

17. 在刚出锅的澄粉造型面点表面轻轻刷一层色拉油，使其更具光泽，这属于（　　）。

　　A. 坚持本色　　　B. 少量缀色　　　C. 控制加色　　　D. 略加润色

18. 在下列面点中，（　　）是在熟制的过程中成形、定形的。

　　A. 荷花酥　　　　B. 上海生煎　　　C. 螺蛳酥盒　　　D. 像生雪梨

19. 采用油煎的成熟方法加热，一般锅内的油量不能超过生坯厚度的（　　）。

　　A. 1/3　　　　　B. 1/4　　　　　C. 1/2　　　　　D. 2/3

20. 一旦发生烫伤事故，应立即（　　）被烫部位，烫伤严重的要送往医院。

　　A. 用温水冲洗　　B. 用凉水冲洗　　C. 包扎　　　　　D. 用冰块涂抹

二、判断题

（　　）1. 蒸是利用水传导热量使制品受热成熟的一种方法。

（　　）2. 蒸鲜肉包的操作程序：先在电蒸锅内加冷水，然后放上装有鲜肉包生坯的蒸笼，盖上笼盖后接通电源，待水开、包子成熟后即可取出。

（　　）3. 煮水饺时，生坯放得越多越好，这样效率高。

（　　）4. 烙是通过金属传导热量使制品成熟的一种方法。

（　　）5. 水煎包是使用水油煎的方法成熟的。

（   ）6. 小笼包在成熟时因为体积小，所以应该采用小火蒸制。

（   ）7. 已成形的叉烧包生坯放在蒸笼内的时间越长，蒸时发得越大。

（   ）8. 一般情况下，需要颜色浅的品种，可采用高温炸使其快点成熟。

（   ）9. 在制作开花枣这一品种时，为了使其开花应采用高油温炸制。

（   ）10. 在制作萨其马这一品种时，为了使生坯中的泡打粉、臭粉受热时产生大量的气体应采用高温炸制。

（   ）11. 在面点的熟制中，烘烤是应用较为广泛的一种熟制方法，其产品存放期较长。

（   ）12. 烘烤蛋糕时应根据生坯厚薄及成品要求来掌握炉温，生坯厚用高温，生坯薄用低温。

（   ）13. 在蛋糕的烘烤环节中，正确的操作是先将装有生坯的烤盘放入烤炉中，然后开启电源，待其自然升温。

（   ）14. 用高炉温烘烤出的蛋糕，易造成外焦里不熟的现象。

（   ）15. 利用微波加热食物的成本比常规成熟法的成本要低。

（   ）16. 在面点色泽的运用中应根据成熟方法而定，通常烤制面点熟上色，而蒸制面点生上色。

（   ）17. 风味是面点本味和调味的综合体现，它确立了面点的口味。

（   ）18. 炸制莲花酥、莲藕酥等造型面点时应用七成热油温。

（   ）19. 炸与煎都是用油传热，在实际操作中没有太大区别。

（   ）20. 在烘烤面点时，热量的主要传递形式应该是热传导。

项目七　宴席面点知识

任务一　宴席面点组配要求及意义

技能目标
- 了解宴席面点是中式面点特有的饮食形式。

知识目标
- 掌握宴席面点组配要求。

一、宴席面点组配的意义

宴席面点是指在整套宴席中配备的面食和点心，它既可与菜肴组合形成具有一定规格、质量的一整套菜点，也可以单独形成具有特色的全席面点。无论是宴席面点还是全席面点，都应具有选料精细、造型讲究、制作精美、口味多变等特点，应在色、香、味、形、质、器等方面与宴席的总体要求相一致。

宴席面点早在唐代的《烧尾宴》中就有记录，清代开始大量在宴席中运用。发展到现代，宴席面点已成为宴席中不可或缺的重要组成部分，俗话说"无点不成席"，这足以说明面点在宴席中的重要性。

二、宴席面点组配要求

宴席面点作为宴席的组成部分，有别于一般的早点、饭店面点。在组配过程中，一定要适应四季变化和宴席菜肴的特点，考虑宴席的整体性、均衡性、多样性和协调性，以烘托出宴席的最佳效果。

（一）根据宴席的规格组配

宴席的规格档次是由宴席的价格决定的，而价格又决定了宴席菜肴的数量和质量。在组配宴席面点时，应注意所配置面点的成本在整个宴席成本中所占的比重，以保持整个宴席中菜肴与面点的数量、质量的均衡。

宴席面点成本一般占宴席总成本的 5%～10%，应根据各地方的习惯及实际要求来进行必要的调制。宴席面点格局如表7-1所示。

表7-1　宴席面点格局

宴席档次	款　　数	款式（口味）
一般宴席	两道	一甜一咸
中档宴席	四道	二甜二咸
高档宴席	六道	二甜四咸

在确定具体品种时，要根据宴席档次的高低，在保证面点数量的前提下，从选料、制作工艺上掌握。例如，宴席档次高时，在面点的选料上应尽量选用档次较高的食材，并且在制作工艺上应尽量能体现出特色；宴席档次较低时，在面点的选料上要符合成本要求，在制作工艺上可以相对简单些。

（二）根据顾客的要求和宴席主题组配

宴席是围绕人们的社交目的而设置的，因此，顾客的要求和意图是配置面点不可忽视的重要依据。确定面点品种，应根据顾客的国籍、民族、职业、宗教、食俗、个人饮食喜好、顾客的订席目的和要求来掌握。例如对信奉佛教的人应避免使用荤腥食材做面点。红、白喜事则按照民族礼仪、习俗选配，红事可选配一两道色泽艳丽的品种，如四喜饺、鸳鸯饺、如意卷、梅花饼等；白事则可选择一两款色泽素雅的品种，使之与顾客的心境相一致。另外，生日祝寿时可配和长寿有关的品种，如寿桃、仙桃包、寿糕、寿面等。高档宴席还可配一些制作精细的百寿图、松鹤延年、寿比南山等工艺性较强的面点。

（三）根据季节变化组配

根据季节特点组配面点，就需要面点技术人员制作四季面点菜单。四季面点是指以一年的春、夏、秋、冬四季出产的蔬果、飞禽、水产动植物为主，并配以多种辅助料所制成的面点。

在面点制作中不仅要充分利用季节性的原材料，还要与季节性所需要的口味相适应，才能与之相配套、相适合。日常面点的供应中也要注意迎合季节，并根据季节变换更换宴席面点，使饭店供应的面点具有鲜明的季节性，而且要注意增添色彩、口味多样。

在调馅时要根据各地人的饮食习惯、喜好，合理调制馅心。食客的要求就是餐饮工作的突破口。只有在广泛选择使用原料、调料的同时，调制出多种多样、不同风味的馅心，才能使顾客有更大的选择享用范围，才能达到众口可调的制作境地。这就要求制作者在食材选择、制作工艺方面加以考虑。四季面点品种及其特点如表7-2所示。

表7-2　四季面点品种及其特点

季　节	品　　种	特　点	成熟方法
春季	春饼、翡翠烧卖、春笋野鸭包、艾叶糍粑等	突出春季的时令原料	蒸、煮
夏季	生磨马蹄糕、橙汁果冻、水晶饼、冰皮白莲糕等	清凉解暑、吃水量大的原料	蒸、煮
秋季	豌豆糕、南瓜饼、荷香糯米鸡、杏仁豆腐、三鲜汤包、蜂巢荔芋饺等	味道浓郁	蒸、煮、炸
冬季	辣味萝卜糕、八宝饭、枣泥金丝酥、京都煎锅贴、橄榄奶黄包等	味道浓厚	煎、炸、烘烤

（四）突出地方特色

首先，要利用本地的优质特产、风味名吃、本店的招牌面点，以及各个厨师的擅长面点来发挥优势，各展所长，突出地方特色。

其次，根据地方食俗，采用本地食材和时令食材，运用独特的制作工艺，显示出浓郁的地方特色，使整桌宴席内容更加丰富，独具匠心。例如，河南的烫面角、鸡蛋灌饼、浆面条、开封灌汤包、双麻火烧、锅贴、烩面；广东的虾饺、粉果、萝卜糕、蕉叶粑、咸水角、蜂巢荔芋饺等；江苏的翡翠烧卖、扬州的三丁包、淮安的汤包、上海的生煎包、杭州的小笼包、苏州的各式船点；北京的一品烧饼、都一处烧卖、清宫仿膳豌豆黄、芸豆卷等；天津的狗不理包子、酥麻花等。

❓ **想一想**

你所在地区都有哪些面点小吃？

❓ **做一做**

根据本地区饮食风俗，制作两款本地风味面点。

任务二　全席面点设计与配置

任务目标

技能目标
- 了解订单的设计要求。

知识目标
- 掌握全席面点的设计与配置。

任务学习

　　全席面点是随着面点制作的不断发展而形成的面点经营的较高形式。它集精品于一席，其内容由面点拼盘（又称看点）、咸点、甜点、汤羹、水果等组成，在配置上要求各类型的面点协调，口味、形式多样；在工艺上要求精巧美观、做工细致；在组装上要求盛器高雅、和谐统一。要做好一桌色、香、味、形、质、器俱佳的全席面点，除必须具备娴熟的面点制作技术外，还必须掌握全席面点的订单设计、选料、造型、配色、组织管理、上点程序等方面的知识与要领。

一、订单的设计

　　全席面点的规格、上点数量和质量，首先取决于其价格档次，应根据价格来确定用料。

　　全席面点以咸点为主（约占60％），甜点为辅（约占30％），汤羹、水果为补（约占10％）。具体品种数量按价格档次配制，价格较高的可配面点看盘一道（或以四味碟、六味碟形式）、咸点八道、甜点四道、汤羹一道、水果一道；价格较低的，应根据情况减少品种。全席面点宴席中间可以考虑加一道煲粥，如冰糖燕窝粥、银耳莲子粥、乌鸡人参粥、姜丝虾仁粥、牛肉芝麻粥、南瓜红枣粥、核桃黑米粥、百合枸杞粥、冰糖小豆粥、八宝粥、蔬果粥、玉米粥、山芋粥、山药粥等，加工时要依据顾客口味考虑安排。确定面点品种，是全席面点的总体设计工作，它决定了整台面点的规格、质

量、数量和风味特色。除要根据顾客的意图和要求、规格水平、季节时令、民族习惯外，还要根据制作者的技术水平和厨房设备条件来设计，掌握面团类型、成熟方法的搭配，做到荤素搭配得当、咸甜配合得当。

全席面点的订单如表7-3所示。

表7-3　全席面点的订单

类别、品名及成熟方法		
丰收硕果一道		
咸点八道	蟹黄灌汤包	蒸制
	翡翠青菜饺	蒸制
	瑶柱糯米鸡	蒸制
	蜂巢荔芋饺	炸制
	萝卜金丝酥	炸制
	云腿鹌鹑脯	先蒸后煎
	蚝油叉烧包	蒸制
	上汤三鲜饺	煮制
甜点四道	多层马蹄卷	蒸制
	水晶奶黄卷	蒸制
	西米珍珠球	蒸制
	鲜奶鸡蛋挞	烤制
汤羹一道	冰糖白果羹	煮制
水果一道	时令水果拼	生吃

二、组织管理

全席面点宴席的制作需要部门人员的共同配合，安排时应本着既保证人手够用，又防止人多手杂的原则，做到选人从简从优，各负其责。岗位定员后，主持者要认真检查各项准备工作：一要检查鲜活原料的准备情况；二要检查干货原料的事先涨发及半成品的准备情况；三是检查盛器和装饰材料的准备情况。在发现不符合制作要求时，应及时更换品种，不能随意降低原料的质量标准。此外，还应根据开席时间对各工序完成的具体时间做出严格规定，避免出现漏做、漏上面点或推迟上面点的现象。应注意检查炉灶、工具的卫生状况等，以保证各项工作能有条不紊地在预定的时间内完成。全席面点制作的主持者应根据开席规模对岗位的工作量做出预算，然后安排具体人员制作。

三、造型与配色

造型与配色是全席面点中艺术性、技术性较强的工作。一桌好的全席面点不仅要求面点可口怡人，还要以美观大方的造型和明快的色彩给人以美的享受，以提高顾客品尝面点的兴趣。全席面点中可采用菜肴拼盘、食品雕刻造型或点盘造型，以达到烘托的效果。点盘又称看盘，根据设宴目的与宴席的主题相一致，一般采用捏花或裱花的手法制作，如生日宴可用面点组合成"百寿图"或硕果点盘；迎客宴或婚宴可用裱花工艺制作"花篮迎宾""百年好合"点盘。除点盘外，其他面点在造型组装上要求立意新颖、构思合理，既要讲究造型，又要注意其可食性。

配色是指全席面点的总体色彩设计。全席面点的配色要考虑以下因素。

（1）充分利用食材固有的颜色，如菜叶的碧绿色，蛋清的白色，草莓、樱桃的鲜红色，可可或咖啡的棕黑色，蟹黄或蛋黄的黄色等。这些食材自身就具有各种自然的色相、色度、明度，层次丰富自然且符合人们的饮食心理。

（2）成熟工艺的增色应用，如炸点、烤点的金黄色，蒸点的雪白、晶莹透亮。不同的成熟方法，使面点席色彩更加丰富、诱人。

（3）盛器色彩的变化。要求结合面点的造型、色彩选用盛器，以达到面点与器皿的和谐。例如雪白透亮的瓷器素雅大方，金银盘器显得高雅富贵，玻璃器皿显得华丽，竹木器皿更显古朴自然之美。

（4）围边点缀增色的运用，即面点装盘时在周围用各种围边材料装饰点缀。

❓ 想一想

在设计全席面点宴席菜单时需要注意哪些问题？

❓ 做一做

试设计婚宴、寿宴中面点制品各四款。要求：搭配合理，口味、技法多样，做工精细，造型和谐统一。

任务三　面点美化工艺

 **任务目标**

技能目标
- 了解面点美化的相关要求。

知识目标
- 掌握面点美化工艺所包括的内容。

任务学习

在美化宴席面点的过程中，一定要根据宴席的总体要求，注意质量和卫生，以食用为主、美化为辅。各种美化工艺手法必须在保证面点质量的基础上进行，切不可华而不实，背离了食品造型艺术的基本原则。

宴席面点不仅要求在口味上可口怡人，还要求能以精美的工艺给人以美的享受，从而烘托宴席的主题气氛，并与宴席的其他内容配合达到最佳效果。为了实现此要求，必须对宴席面点进行美化，即根据宴席面点涉及的食材、刀工、火候、造型、装盘、命名等诸多方面的因素，进行美化工艺再设计、再创造。宴席面点的美化工艺包括面点造型和围边装饰两个方面。

一、面点造型

面点造型是指运用不同的成形手法塑造面点的形象。宴席面点造型一要美观，二要灵活，三要多变。我国面点造型种类繁多，根据不同地区的造型手法大致划分为以下3类。

（一）几何形态

几何形态是通过模具或刀工使面点形成规矩的形态。几何形态是面点造型的基础，在实际工作中应用较广，它具有整齐、规范、便于批量生产的特点。几何形态又可以分为单体几何形态和组合几何形态。

单体几何形态：正方形、长方形、菱形、圆形、椭圆形等，如千层油糕、芸豆卷、豌豆黄、九层马蹄糕等。

组合几何形态：如千层宝塔酥、立体裱花蛋糕等。

（二）象形形态

象形形态是通过手工包捏等成形手法模仿动植物的形状来造型的，使成品具有动植物的形状。例如佛手酥、荷花酥、蟹黄菊花烧卖、装盘点缀的捏花等，都是模仿动植物形状的面点造型。

宴席面点不论采用何种造型，都要求美观精致、富有特色，而且要掌握面点的分量、大小一致。宴席面点一般每个重20～30g，以一两口能吃完为宜。

（三）自然形态

自然形态主要是利用面皮受热成熟时产生的气体或糖、油等辅料的作用，使成品形成自然形态，如蜂巢荔芋饺、波斯油糕、蚝油叉烧包、猪油棉花杯等。

二、围边装饰

采用围边装饰时，要根据面点的特色、创意进行，要求主题与点缀协调一致，做到色调清新、情趣高雅、简洁大方，不可喧宾夺主、过多过杂。

常用的围边装饰方法：澄面捏花，奶油裱花，糖粉捏花，熬糖拉花、吹花，琼脂冻糕垫底、印花、酥点造型，菜丝、蛋松及时令鲜果点缀等。其中，较常用的是澄面捏花和时令鲜果点缀。

围边装饰是指根据面点的特点，给予必要的和恰如其分的美化，以完善和提高面点外观质量的一种操作过程。围边装饰应选用色泽鲜明、便于塑形的可食性材料，根据面点的特色、创意，在碟边或碟中装饰点缀。每一道面点都应色、香、味、形俱佳，如果在装盘时进行一些围边点缀的辅助性美化工艺，会使面点增色不少。用于围边点缀的材料有许多种，但必须是可食性的。一盘货真价实、口味独特的面点，配上雅致得体的围边装饰，可使面点制品充满生机，就如一朵美丽的鲜花与映衬的绿叶一样难以割舍，可增加面点宴席的食趣、情趣和乐趣。

面点的质量和品位，主要靠面点本身来体现，要避免本末倒置，不可过分强调围边点缀而忽视面点自身的质量。围边装饰时还需要注意面点的质地与围边装饰材料的协调性，如琼脂冻糕上不宜直接放置炸制、烤制点心；蒸点不宜采用酥炸的材料装饰，否则炸制品将会回软，影响美观等。比较成功的围边装饰有白鹅戏水、雏鸡闹春、梅花马蹄卷等。

还必须注意围边材料的卫生，避免使用人工色素，应充分利用装饰材料的自然色来进行颜色的搭配。将事先准备好的琼脂冻糕、糖粉捏花、熬糖拉丝用保鲜膜密封；

对澄粉捏花类提前做好短时间加热蒸制，并上色拉油或稀明胶水，以防干裂。

三、特色创新

宴席面点的制作与一般的面点制作不同，由于它是由一组菜点组成的，以菜品占主导地位、以点心作为绿叶陪衬，所以有其特殊要求，具体表现在以下两个方面。

（一）重三性，求独特

重三性即配备面点必须具有针对性、时令性和地方性。

所谓针对性即因人而异。通过了解顾客的国籍、民族、宗教、职业、年龄、性别、体质、嗜好、忌讳后，来确定品种，重点保证主宾的喜好，同时兼顾其他人的饮食习惯。面点配备的数量，应根据价格、成本和人数来定。

面点的配备讲究时令性，要按季节精选原料，力求适时鲜活、丰美爽口。在调配口味方面也要讲究时令性，面点的蒸煮煎烤、甜咸酸辣、冷热清醇等都要突出季节特点，冬春宴点调味浓厚，偏重温暖热烫；夏秋宴点调味清淡，注重鲜香凉爽。

宴席面点的地方性，是指突出本地本店的地方风味特色，把本地本店的特色部分充分体现出来。尽量少用各地都有、各店都用的面点，将特色鲜明的用料、技法、口味的地方性、独特性面点在宴席中呈现出来，给顾客以技精味美、耳目一新之感。

（二）重搭配，求变化

宴席面点必须注重菜点、技法、用料、口味、成形、熟制等多方面的搭配。从整桌宴席来看，面点好似绿叶来衬托菜肴这朵红花，因此整个面点的配备要求与菜肴相适应，如烤鸭配薄饼等。但从面点本身来看，馅料要注意荤素并举，互不雷同；口味要做到甜咸味、复合味各有层次；技法要多法并用，面团要各不重复，这样才能使几道点心各具特色，互为补充，体现出绿叶之美、绿叶之雅趣。

面点的配备要根据整个宴席的风格和档次而定。对不同的宴席层次、不同的宴席风格，在面点配备上都要与之相符。例如隆重的国宾宴会、浓郁的地方特色宴会、传统的全席喜宴、随意的自助餐冷餐会等，都要结合宴席的不同风格和层次，配备与其相适应、相协调的面点品种。

❓ 想一想

面点美化在具体的教学中应怎样做？

❓ 做一做

利用澄面捏花、时令鲜果点缀两种方式各设计两款面点围边装饰。

知识拓展

宴席面点的配置及要求

面点作为宴席内容的一个重要方面古已有之，今天宴席面点的配置必须考虑宴席的级别、季节及面点的形态等方面。

1. 宴席面点配置要与宴席级别及形式相适应

宴席的档次分类一般以用料档次的高低、制作工艺的难易程度、菜肴档次及席面摆设来区分，分为高档、中档、一般3级。高档面点的特点：选料精良，制作精细，造型细腻别致，风味独特；中档面点的特点：用料较高级，口味纯正，成形精巧，熟制恰当；一般面点的特点：用料普通，制作工艺简单。它们与宴席菜品相适应，是有等级可循的。因此，面点要适应宴席的级别，才能使席面上菜肴质量与面点质量相匹配，达到整体协调一致。

宴席形式一般包括国宴、寿宴、喜宴等，形式是宴席主题的集中表现，而宴席内容则是形式的具体表现方式。宴席形式一经确定，面点的安排就要围绕形式来组配宴席，同时做到与整席其他内容合拍。例如，婚席是人生结成终身伴侣的大喜之日，面点的配合应呈现吉祥如意的气氛，如莲蕊酥、鸳鸯包等；祝寿席应配备祝寿之类的面点，如寿桃、寿糕、麻姑献寿、伊府寿面等；喜庆席多种多样，有节日庆典、乔迁之喜、开业大吉等，这类席多配以造型生动的面点活跃席面气氛，使席点搭配合理、自然，紧紧围绕主题。

2. 宴席面点配置要与季节相适应

宴席四季有别，菜肴如此，面点亦然。面点的季节性问题应从两方面考虑，不但要与宴席的季节适应，又要与这一时节里食材的生长规律相协调，这样就使宴席的菜肴、面点相映成趣。例如，春季，配席面点可上春卷、春饼等；夏季，配席面点既要有消暑、清凉作用，又要体现季节特色，如水晶玉兔、四色蒸饺、京糕、蝴蝶酥、鲜花饼、荷叶酥饼等；秋季，菊黄蟹肥，天气转凉，配席面点应寓意丰收，如菊花酥、蟹黄汤包、葵花盒子等；冬季，天气寒冷，且是梅花傲霜斗雪之季，面点应配梅花饺、雪花酥。如果置办宴席的日期与某个民间节日临近，也应相应安排面点。如春季办席正赶在端午节前，各种粽子制品也可即席配备。民间节日很多，元宵节配食汤圆，中秋节配食月饼，春节配食年糕、春卷，清明节配食青团等。

3. 宴席面点配置要与本地风味特色相适应

各地方菜中都有自己的名菜，也都有许多风味独特的面点。宴席中配上富有地方风味特色的面点，置于绚丽多彩的菜肴之间不仅能使席面增色，而且能体现对宾客的尊重，具有双重功效。

4. 宴席面点配置要与菜肴的烹调方法相适应

面点的熟制主要有蒸、煮、炸、煎、烤、烙等方法，所谓面点要适宜菜的烹调方法，不能理解为炸菜与炸点、蒸菜与蒸点的配合，这里强调的是依据菜的烹调方法考虑与面点口味上的配合。大件炸制菜肴，配两种不同形式的面点，其品种以蒸为多，炸、烤则少；大件甜菜，配两种形态各异的甜点，其品种以炸、烤为多，蒸则少。这样配置较符合进食需要，口感上也比较平衡。但各地席点配置有些出入，如有的地方习惯将"锅烧鸡、鸭、肘子"等配蒸或烙的食品；有的地方将清蒸鱼类配发酵面制品；有的地方将烤类如"肉方、鸭、鸡"配蒸、烙饼类等。

5. 带"全"字的宴席配点要与宴席主料相适应

全席，在古代称为"屠龙之技"，是指用一种主要原料制成的全套菜点。例如鸡、鸭、鹅、鱼、猪、牛、羊、菌、藕、笋、花、薯、芋等做主料均可做成全席，但有的原料（如鸡、鸭、鱼、猪）的出产地域大，有的原料（如菌、藕、笋、花、薯、芋）的出产地域小。尽管如此，作为这种性质的宴席的配点，也要求用同一主料，才可称为名副其实的全席。

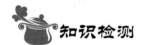 **知识检测**

一、选择题

1. 每桌 800 元的宴席，配套面点四道，按照 40% 的毛利，面点成本应控制在（ ）元。

    A. 280 ~ 320
    B. 20 ~ 40

    C. 24 ~ 48
    D. 100 ~ 160

2. 茶点的品种无论是在口味上，还是在颜色、形状、成熟方法上均要（ ），以适应不同层次客人的需要。

    A. 多样化
    B. 方便食用
    C. 规格较小
    D. 形式自由

3. 全席面点的上点程序是（ ）。

    A. 先甜后咸
    B. 先干后湿

    C. 点盘、咸点、甜点、汤羹、水果
    D. 先甜点后汤羹、水果

4. 面点围边装饰必须是（ ）。

A. 可食性的 　　　　　　　　　　B. 趣味性的

C. 充分体现工艺难度的 　　　　　D. 色彩艳丽的

5. 在宴席面点的组配设计中，一般是根据宴席的档次、（　　　）、季节变化、地方特色来制定面点品种的。

A. 主题的要求 　　　　　　　　　B. 宴席的多少

C. 菜量的大小 　　　　　　　　　D. 顾客的要求和主题

6. 面点的规格要（　　　），以便于客人品尝。

A. 小而巧 　　　B. 品种多样 　　　C. 以甜点为主 　　　D. 方便食用

7. 宴席面点装饰所使用的色素以（　　　）为佳。

A. 合成色素 　　B. 天然色素 　　　C. 广告色 　　　　　D. 绘画油彩

8. 宴席面点最早出现在（　　　）的《烧尾宴》中。

A. 清代 　　　　B. 唐代 　　　　　C. 汉代 　　　　　　D. 民国时期

9. 宴席面点的配置，从价格上一般应占到整桌宴席价格的（　　　）。

A. 15% ~ 20% 　　B. 25% ~ 30% 　　C. 5% ~ 10% 　　　D. 10% ~ 15%

10. 重三性即配备面点必须具有针对性、（　　　）和地方性。

A. 时令性 　　　B. 民族性 　　　　C. 年龄性 　　　　　D. 统一性

二、判断题

（　　　）1. 宴席面点在造型上一要美观，二要灵巧，三要多变。

（　　　）2. 宴席面点的特点是用料档次高，做工精细，讲究装饰点缀。

（　　　）3. 宴席面点的档次是由宴席的价格决定的。

（　　　）4. 全席面点以咸点为主（约占60%），以甜点为辅（约占30%），以汤羹、水果为补（约占10%）。

（　　　）5. 在配置宴席面点时，应根据季节的变化做相应的调整。

（　　　）6. 宴席面点在色、香、味、形、质、器等方面与宴席的总体要求是一致的。

（　　　）7. 按季节变化配套点心，一般夏季配凉点，口味较重；冬季配汤汁较浓、口味较轻的热点。

（　　　）8. 在装饰宴席面点时，可不考虑菜肴因素。

（　　　）9. 在对宴席面点进行装饰时，要注意防止食品的污染。

（　　　）10. 面点围边以美观为主，对人工合成色素没有限制。